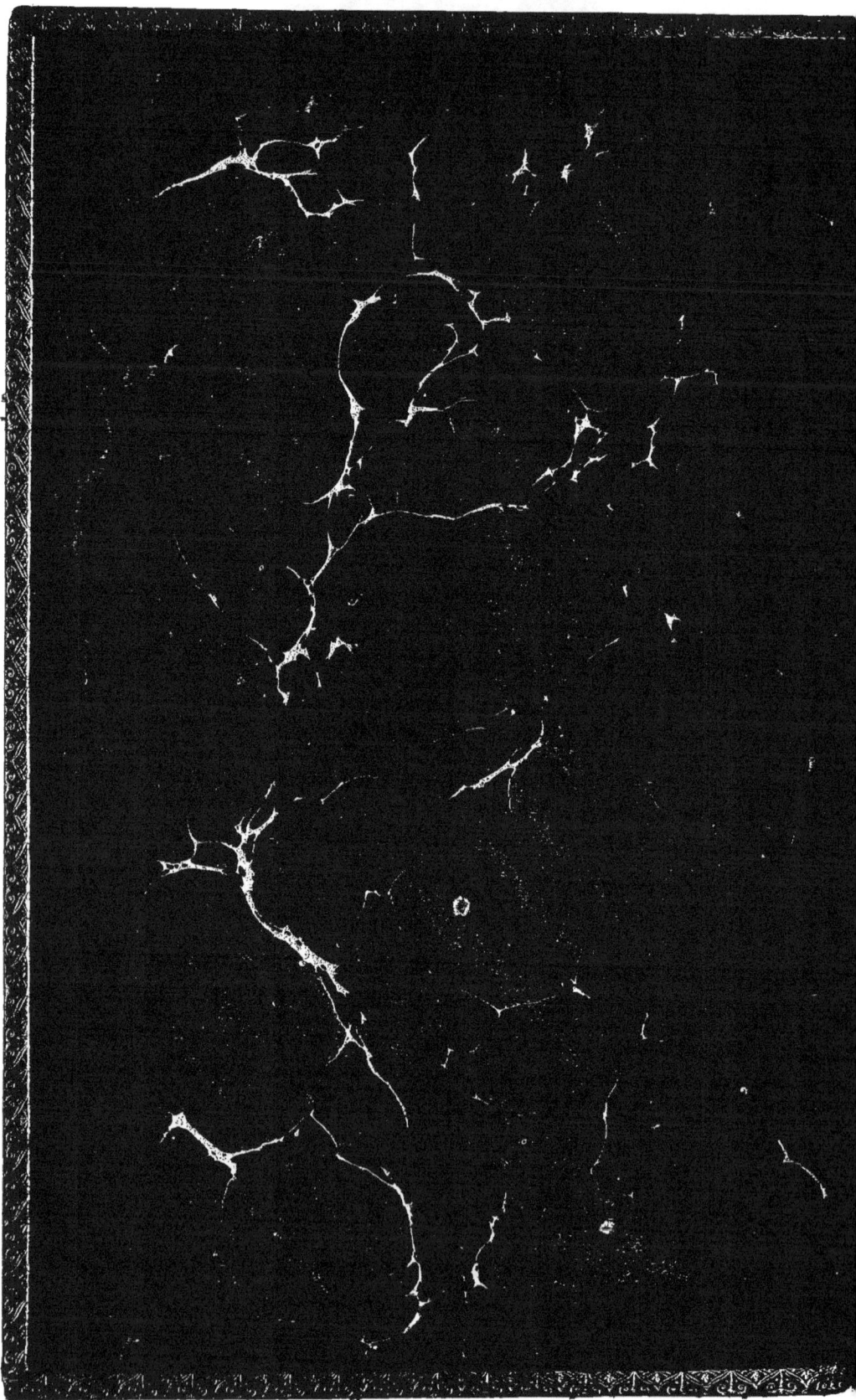

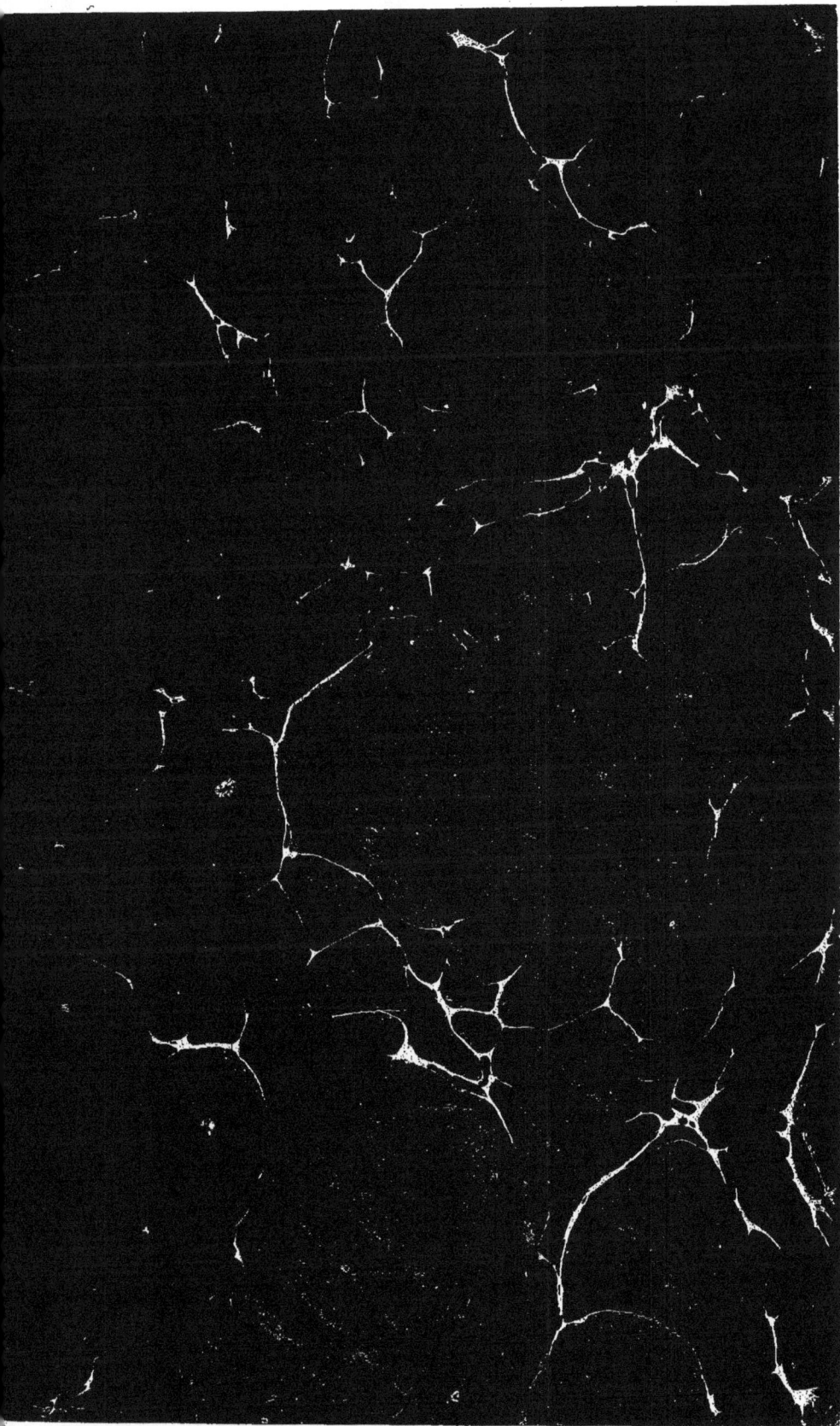

16

THÉORIE EXPÉRIMENTALE

DE LA

FORMATION DES OS.

Paris. — Imprimerie de L. MARTINET, 30, rue Jacob.

THÉORIE EXPÉRIMENTALE

DE LA

FORMATION DES OS

PAR

P. FLOURENS,

Secrétaire perpétuel de l'Académie royale des sciences (Institut de France);
Membre des Sociétés royales de Londres et d'Édimbourg, des Académies royales des sciences
de Stockholm, Munich, Turin, etc., etc.;
Professeur de physiologie comparée au Muséum d'histoire naturelle de Paris.

Ce qu'il y a de plus constant, de plus inaltérable dans
la nature, c'est l'empreinte ou le moule de chaque
espèce, tant dans les animaux que dans les végétaux;
ce qu'il y a de plus variable et de plus corruptible,
c'est la substance qui les compose.

BUFFON.

AVEC VII PLANCHES GRAVÉES.

———

A PARIS,

CHEZ J.-B. BAILLIÈRE,

LIBRAIRE DE L'ACADÉMIE ROYALE DE MÉDECINE,
rue de l'École-de-Médecine, 17;

A LONDRES, CHEZ H. BAILLIÈRE, 219, REGENT-STREET.

1847.

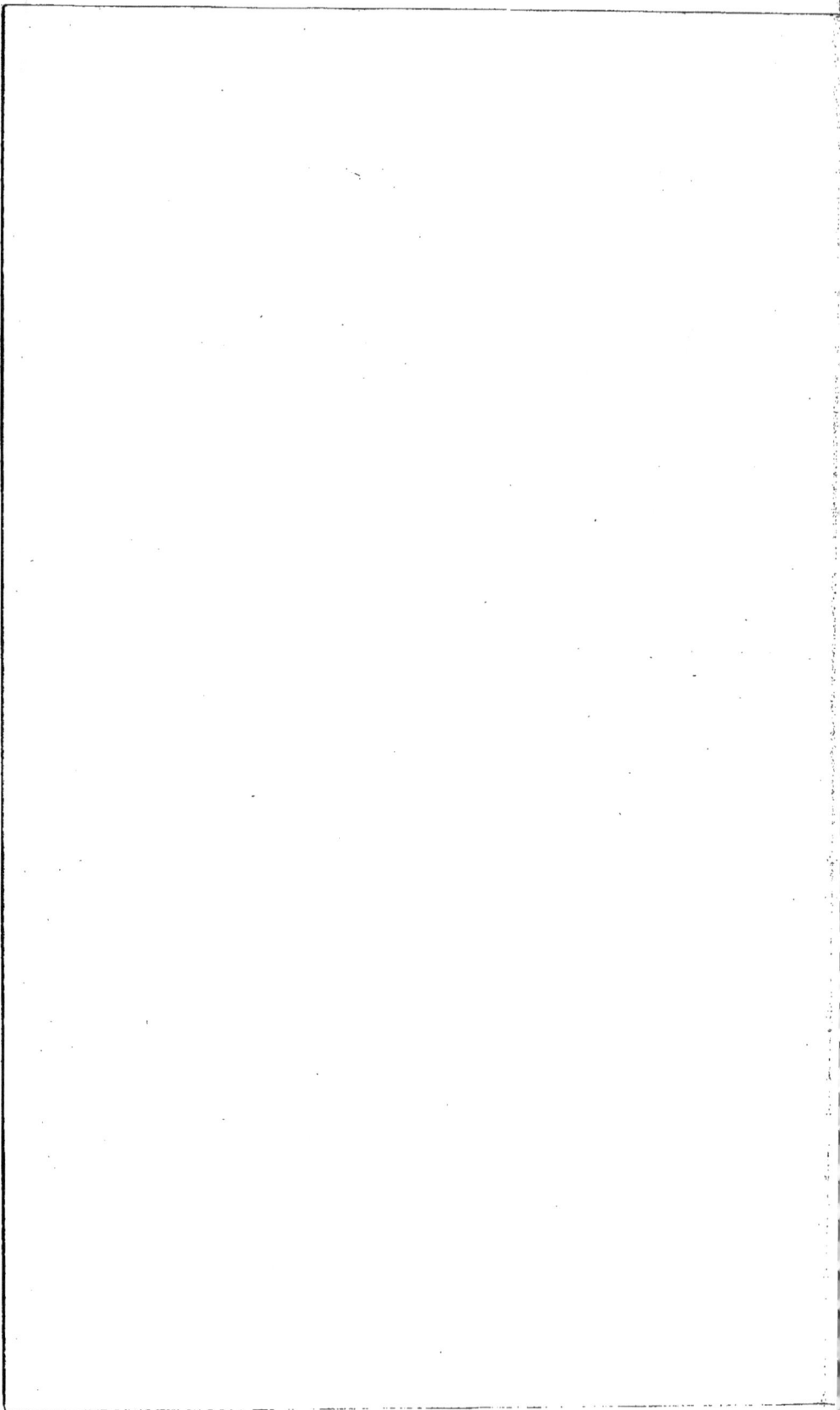

A la

Mémoire de Duhamel.

AVERTISSEMENT.

Cet ouvrage se compose de quatre parties.

La première est l'exposition, et, j'ose le croire, la démonstration de ma théorie sur la formation des os.

La seconde est la reproduction, fort abrégée, de mes expériences, déjà publiées, touchant la coloration des os par la garance.

La troisième est la discussion des théories qui ont précédé la mienne.

La quatrième est l'examen du grand et nouveau problème du rapport des forces avec la matière dans les corps vivants.

Ce problème, pour la première fois véritablement posé dans la science, appellera sans doute, sur mes expériences et sur mes vues, l'attention des physiologistes.

THÉORIE EXPÉRIMENTALE

DE LA

FORMATION DES OS.

PREMIÈRE PARTIE.

EXPÉRIENCES MÉCANIQUES.

CHAPITRE PREMIER.

MA THÉORIE ET LES EXPÉRIENCES QUI LA DÉMONTRENT.

Ma théorie de la formation des os repose sur les six propositions suivantes :

La première, que l'os se forme dans le périoste ;

La seconde, qu'il croît en grosseur par couches superposées ;

La troisième, qu'il croît en longueur par couches juxtaposées ;

La quatrième, que le canal médullaire s'agrandit par la résorption des couches internes de l'os ;

La cinquième, que les têtes des os sont successivement formées et résorbées, pour être reformées encore, tant que l'os croît;

Et la sixième, que la *mutation continuelle* de la matière est le grand et merveilleux ressort du développement des os.

PREMIÈRE PROPOSITION.

L'os se forme dans le périoste.

Opinion et expériences de Duhamel.

§ 1.

Duhamel est le premier qui ait dit que l'os se forme dans le périoste.

« J'ai tâché d'établir, dit-il, que les os croissent » en grosseur..... par la suraddition des couches du » périoste, qui, en s'ossifiant, forment l'épaississe-» ment des parois du canal médullaire (1). »

Il dit ailleurs : « Le fait n'est pas douteux : sûre-» ment les lames du périoste s'ossifient et contribuent » à l'augmentation de grosseur des os (2). »

Il dit encore : « Les os commencent par n'être

(1) *Ve Mémoire sur les os*, p. 111. (*Mém. de l'Acad. des sciences*, année 1743.)

(2) *IVe Mémoire sur les os*, p. 101. (*Mém. de l'Acad. des sciences*, année 1743.)

« que du périoste, car je regarde les cartilages
» comme un périoste fort épais (1). »

Il dit enfin : « Les os augmentent en grosseur
» par l'addition de lames très minces qui faisaient
» partie du périoste avant que d'être adhérentes
» aux os, avant que d'en avoir acquis la dureté (2). »

§ II.

Telle est donc l'opinion bien formelle de Duhamel : selon Duhamel, l'os n'est que le *périoste endurci* (3).

J'ajoute que toutes les expériences de Duhamel
sont exactes, que je les ai toutes répétées, et que
tout ce qu'il dit avoir vu, je l'ai vu.

Comment se fait-il donc que son opinion n'ait
pas été généralement admise ; ou plutôt, et à
parler plus justement, comment se fait-il que, à
commencer par Haller, elle ait été combattue par
presque tous les physiologistes ?

(1) *VIe Mémoire sur les os*, p. 315. (*Mém. de l'Acad. des
sciences*, année 1743.)

(2) *IVe Mémoire sur les os*, p. 88.

(3) Expressions de Duhamel : « Le cal est produit par un
» endurcissement du périoste..... » *Ier Mémoire sur les os*,
p. 107. (*Mém. de l'Acad. des sciences*, année 1741.

§ III.

C'est que, pour juger l'opinion de Duhamel, on s'est presque toujours borné à répéter ses expériences ; et que ces expériences (quoique très exactes d'ailleurs, ainsi que je viens de le dire) n'étaient pas, à beaucoup près, les plus propres à mettre les phénomènes dans tout leur jour.

Mes expériences.

§ I.

Pour mettre dans tout son jour le grand fait de la formation de l'os dans le périoste, je ne me suis pas borné, comme Duhamel (1), à fracturer un os, et, si je puis m'exprimer ainsi, le premier os venu, le *tibia*, par exemple, ou tout autre os des membres.

Quand on fracture un pareil os, voici ce qui arrive : des deux bouts rompus, l'inférieur, celui qui tient à la partie libre du membre, est aussitôt fortement attiré, par la contraction des muscles, vers le supérieur. Les deux bouts se rapprochent, se

---

(1) Duhamel n'a fait que des fractures, et n'a fracturé que le *tibia* (Voyez ses *Mémoires sur les os*, particulièrement le premier); mais il avait des yeux si habiles que, même avec des expériences imparfaites, il a bien vu.

touchent ou se croisent, un épanchement sur-
vient, etc. ; et, dès lors, comment voir les faits qui
se passent? Je dis *clairement voir ;* car ce qui n'est
pas clairement vu, n'est pas vu : une grande partie
de l'art des expériences est de rendre les faits clairs
et nets.

§ II.

Il fallait donc, en premier lieu, choisir un os dont
les deux extrémités fussent fixes, afin que les bouts
rompus ne pussent pas se rapprocher.

Il fallait, en second lieu, ne pas se borner à le
fracturer, à le rompre; car, dans ce cas, les bouts
rompus demeurent trop près l'un de l'autre.

§ III.

J'ai choisi, pour mes expériences, les *côtes :* os
fixés d'un côté aux vertèbres, et de l'autre par le
cartilage sternal au sternum.

Et je ne me suis pas borné à fracturer l'os. J'ai
retranché une certaine portion d'os ; et par là les
deux bouts divisés ont été mis d'abord, et constam-
ment tenus ensuite, à une certaine distance l'un de
l'autre.

Expériences faites sur les côtes.

§ I.

On a retranché sur plusieurs chiens une portion de côte, en n'enlevant que l'os et en laissant le périoste.

Au bout de quelques jours, il s'est formé, dans le périoste laissé entre les deux bouts de côte, un petit noyau osseux. Peu à peu ce noyau osseux s'est développé, et il a fini par reproduire, par *rendre* toute la portion d'os qui avait été retranchée entre les deux bouts de côte.

§ II.

La Planche I représente une suite de côtes.

On a retranché sur chacune de ces côtes une portion d'os, en ayant soin, comme je viens de le dire, de n'enlever que l'os et de laisser le périoste.

Puis, l'animal a survécu de plus en plus long-temps à l'opération, depuis l'animal de la première côte jusqu'à celui de la dernière.

Sur chacune de ces côtes, en allant de la première à la dernière, on voit un progrès nouveau dans le périoste : d'abord périoste simple, mais tuméfié ; puis cartilage ; puis os.

§ III.

On voit sur la côte 1, entre les deux bouts de côte, le périoste très épaissi, très gonflé.

L'expérience a duré quatre jours.

Pour la côte 2, l'expérience a duré six jours. Ici, le périoste laissé entre les deux bouts de côte est déjà cartilage, et dans le milieu de ce cartilage sont deux petits noyaux osseux (1) parfaitement déterminés, circonscrits, très éloignés tous deux des deux bouts de côte.

L'expérience pour la côte 3 a duré dix jours. Au milieu du périoste laissé entre les deux bouts de côte est aussi un double noyau osseux; et comme cette expérience a duré quelques jours de plus que la précédente, le double noyau osseux est aussi un peu plus gros que celui de la côte 2.

Dans la côte 4, il y a trois noyaux osseux.

Dans la côte 5, il n'y en a qu'un, mais il est très développé; et néanmoins, quoique très développé, il ne touche encore à aucun des deux bouts de côte.

Celui de la côte 6 touche déjà à un bout de côte.

---

(1) Quelquefois il y en a deux, comme ici; quelquefois trois, comme sur la côte 4; souvent il n'y en a qu'un. Quand il y en a plusieurs, ils se réunissent plus tard en un.

Et celui de la côte 1 de la Planche II touche aux deux bouts de côte.

Ici, toute la portion d'os qui avait été retranchée entre les deux bouts de côte est reproduite, *rendue*; la *restitution* de la côte est complète.

L'expérience a duré : pour la côte 4, douze jours ; pour la côte 5, quatorze jours ; pour la côte 6, seize jours ; et pour la côte 1 de la Planche II, elle a duré trois mois.

§ IV.

Tout, dans cette suite d'expériences, est à remarquer, car chaque circonstance y est une preuve de ma théorie et une réfutation des théories reçues.

En premier lieu, l'os nouveau naît dans le périoste ; ce point est ici de toute évidence.

En second lieu, il naît dans le périoste sans toucher d'abord à l'os ancien ; ce n'est que plus tard, et même très tard (1), ce n'est qu'à la fin qu'il y touche.

En troisième lieu, l'os ancien ne s'allonge pas ; ses bouts ne s'avancent pas l'un vers l'autre pour se rejoindre ; ils ne se *rejoignent* pas ; ils ne bougent pas ; ils ne se *rejoindront jamais :* entre l'un et l'autre il y aura toujours l'os nouveau.

(1) Relativement à la durée de l'expérience, bien entendu.

En quatrième lieu enfin, c'est dans le périoste même que naît l'os nouveau, et non dans une *substance*, dans un *épanchement* quelconques, étrangers au périoste.

L'os se forme donc dans le périoste.

Expériences faites au moyen d'une canule *introduite dans l'os.*

§ I.

La *formation de l'os dans le périoste* est donc démontrée ; et, sur ce point, je pourrais sans doute m'en tenir aux expériences qui précèdent. Je crois pourtant devoir en ajouter ici quelques autres qui ne sont pas moins décisives (1).

§ II.

Puisque, me suis-je dit, c'est le périoste qui produit l'os, je pourrai donc avoir de l'os partout où j'aurai du périoste, c'est-à-dire partout où je pour-

(1) Je ne place ici que les plus décisives, ou, pour mieux dire, que celles dont l'évidence est la plus frappante ; car, d'ailleurs, tout cet ouvrage est rempli d'expériences qui prouvent la *formation de l'os dans le périoste.* On y trouvera de ces expériences à chaque page, et l'on y en trouvera de tout genre.

rai conduire, introduire mon périoste. Je pourrai multiplier les os d'un animal, si je veux ; je pourrai lui donner des os que naturellement il n'aurait pas.

§ III.

D'après cette idée, j'ai imaginé de percer un os, et d'introduire une *canule* d'argent dans cet os percé.

Bientôt le périoste s'est introduit dans cette *canule ;* puis il s'y est épaissi, gonflé ; puis il y est devenu cartilage, et puis il y est devenu os. L'animal a eu, à sa jambe (car j'opérais sur le *tibia*), un petit os nouveau, un petit os de plus, un os que naturellement il n'aurait pas eu ; et comme la *canule* avait été placée en travers, le nouvel os, l'os surnuméraire, l'*os de plus* a été aussi transversal.

§ IV.

Les pièces 5, 6, 7, 8, 9, 10, 11 et 12 de la Planche II sont des *tibias* de différents chiens.

Sur chacun de ces *tibias* on a fait d'abord un trou, et puis on a introduit dans ce trou une *canule* d'argent.

Le premier de ces *tibias*, le *tibia* 5, est le seul qui n'ait pas reçu de *canule*.

On voit, sur ce *tibia*, le périoste qui s'est introduit dans le trou de l'os, qui le remplit, qui pénètre par ce trou jusque dans le canal médullaire de l'os, et qui, arrivé là, s'unit à la membrane médullaire (1).

Tous les autres *tibias* ont une *canule ;* et l'on voit, sur tous : le trou de l'os, la *canule*, l'introduction du périoste dans la *canule*, et l'union du périoste avec la membrane médullaire.

Sur le *tibia* 9, la membrane médullaire a, si je puis ainsi dire, gagné de vitesse le périoste, et c'est elle qui, s'étant introduite la première dans la *canule*, est venue joindre le périoste et s'unir à lui (2).

Si maintenant vous suivez le périoste, depuis le premier de ces *tibias* jusqu'au dernier, vous aurez toute la marche de ses *modifications ;* vous le verrez d'abord de plus en plus épaissi, gonflé, du premier *tibia* au troisième ; puis cartilagineux du quatrième au cinquième ; puis commençant à s'ossifier dans le sixième ; et puis complétement ossifié, tout-à-fait os, formant un os complet et nouveau, dans les deux derniers.

(1) Tous ces *tibias* ont été sciés en long, pour qu'on pût voir le canal médullaire et sa membrane.

(2) Ceci arrive souvent, car le périoste et la membrane médullaire sont le même organe et donnent également l'os. Voyez le chapitre suivant.

L'expérience a duré cinq jours pour le premier *tibia*, six pour le second, sept pour le troisième, neuf pour le quatrième, dix pour le cinquième, onze pour le sixième, et quinze pour les deux derniers.

§ V.

Voilà donc une suite d'expériences où l'on voit le périoste s'introduire dans un *tuyau*, dans une *canule*, dans un *lieu* qui n'est pas le sien, dans un *corps* étranger au corps de l'animal, et on le voit là complétement isolé, complétement seul, donner de l'os, devenir os.

Encore une fois, *l'os se forme donc dans le périoste.*

SECONDE PROPOSITION.

L'os croit en grosseur par couches superposées.

§ 1.

J'ai entouré, d'un anneau de fil de platine, divers os longs sur différents animaux, sur des chiens, sur des lapins, sur des cochons d'Inde, etc.

Au bout de quelque temps, l'anneau de fil de platine, qui d'abord entourait l'os, s'est trouvé entouré par l'os et contenu dans le canal médullaire.

§ II.

Dans toutes ces expériences, le premier soin a été de bien placer l'anneau sous le périoste, sur l'os même, entre l'os et le périoste.

On a commencé par mettre à nu, sur chaque animal, l'un des deux *tibias;* le périoste a été ensuite incisé sur un point; et, par ce point incisé, l'on a fait passer un fil de platine entre le périoste et l'os.

L'os a continué de croître, et à mesure qu'il a crû, il a recouvert de ses couches l'anneau de platine.

§ III.

Les pièces 15 et 16 de la Planche VI sont deux *tibias* de deux lapins.

Sur le *tibia* 15, l'anneau de platine n'est encore que sous le périoste seul; et, sur le *tibia* 16, il est déjà recouvert d'une lame osseuse.

Pour le *tibia* 15, l'expérience ne fait que commencer; et pour le *tibia* 16, elle a duré huit jours.

§ IV.

Les pièces 7, 8, 9, 10, 11, 12, 13 et 14 de la

Planche **IV** sont des portions de *tibias* de jeunes chiens (1).

Sur ces *tibias*, pour lesquels l'expérience a duré de plus en plus longtemps, depuis le premier jusqu'au dernier, l'anneau est de plus en plus recouvert par l'os, de plus en plus près du canal médullaire; il finit par être dans le canal médullaire.

Sur les *tibias* 7 et 8, par exemple, l'anneau n'est encore recouvert que par quelques couches osseuses; il est à peu près dans le milieu de l'épaisseur même de l'os sur le *tibia* 9 ; il est de plus en plus près du canal médullaire sur les *tibias* 10, 11, 12; il est presque entièrement dans le canal médullaire sur le *tibia* 13 ; il y est tout-à-fait sur le *tibia* 14.

§ V.

Ainsi donc, quand on place un anneau de fil de platine autour d'un os, cet anneau est bientôt recouvert par des couches d'os nouvelles. On voit ces nouvelles couches se former *extérieurement* à l'anneau, *par-dessus* l'anneau; on voit une première couche se former sur l'anneau, une seconde couche

---

(1) Pour ménager l'espace, on n'a reproduit, de chaque *tibia*, que la portion qui porte l'anneau.

se former sur la première, une troisième sur la seconde, et ainsi des autres.

*L'os croît donc en grosseur par couches superpo-
sées.*

TROISIÈME PROPOSITION.

L'os croît en longueur par couches juxtaposées.

§ I.

J'ai pratiqué sur le *tibia* de plusieurs lapins deux
trous, et j'ai placé dans chacun de ces trous un petit
clou d'argent.

L'intervalle entre les deux trous de l'os, ou les
deux clous d'argent, a été mesuré très exactement.

Et, en même temps que j'opérais ainsi sur le
tibia d'un côté, j'amputais le *tibia* du côté opposé,
et je le conservais pour que, le moment venu, je
pusse y trouver un terme de comparaison.

§ II.

La pièce 18 de la Planche VI est le *tibia* gauche
d'un lapin.

Ce *tibia* a été détaché du corps par amputation,

le jour même où l'on pratiquait deux trous sur le *tibia* droit.

La pièce 17 est le *tibia* droit. Aux points marqués *i i*, se voient les deux trous dont je parle et les petits clous d'argent qu'on y a placés.

L'expérience a duré cinquante-trois jours.

Or, quand l'opération a été faite, il y avait entre les deux trous 20 millimètres de distance; et quand l'animal a été tué, il n'y avait entre les deux trous que 20 millimètres de distance.

L'intervalle entre les deux trous était donc resté le même.

Et cependant l'animal s'était beaucoup accru; le *tibia*, en particulier, s'était accru de 31 millimètres.

Ainsi, l'expérience avait duré cinquante-trois jours, comme je viens de le dire; et, au bout de ce temps, le *tibia* soumis à l'expérience, comparé au *tibia* amputé, se trouvait à peu près d'un tiers plus long.

Le *tibia* 18 est le *tibia* amputé au commencement de l'expérience; il a 63 millimètres de longueur.

Le *tibia* 17 est le *tibia* soumis à l'expérience; il a 94 millimètres.

La pièce 20 est le *tibia* gauche d'un lapin, le *tibia* amputé au commencement de l'expérience.

La pièce 19 est le *tibia* droit du même lapin, le *tibia* soumis à l'expérience.

Aux points marqués *i i* sont les deux trous, et les deux clous d'argent mis dans ces trous.

L'expérience a duré quatre-vingt-sept jours.

Le *tibia* amputé au commencement de l'expérience a 66 millimètres de longueur.

Le *tibia* soumis à l'expérience a, à la fin de l'expérience, 104 millimètres de longueur.

La différence de longueur entre les deux *tibias* est donc de plus de 38 millimètres, c'est-à-dire de plus d'un tiers.

Et cependant l'intervalle entre les deux trous, qui, au commencement de l'expérience, était de 20 millimètres, est de 20 millimètres à la fin de l'expérience.

Tout l'accroissement de l'os s'est fait par-delà les trous.

§ III.

Dans les expériences précédentes, chaque os n'avait que deux trous. J'ai voulu multiplier les trous sur le même os.

Les pièces 1, 2 et 3 de la Planche V sont les *tibias* droits de trois lapins.

Le *tibia* 1 a six trous, le *tibia* 2 en a huit, et le *tibia* 3 en a huit aussi.

§ IV.

Il y a jusqu'à quatre expériences distinctes sur chacun de ces os : la première, relative au *corps* de l'os ; la seconde, à ses *extrémités ;* la troisième, à son *épine* ou *apophyse ;* et la quatrième, à ses *épiphyses.*

Mais je ne parle ici que des deux premières ; je parlerai, plus loin, des deux autres (1).

§ V.

L'expérience relative au *corps* de l'os a trois clous qui la représentent : sur l'os n° 1, les clous 3, 4 et 5 ; et sur les os n°ˢ 2 et 3, les clous 4, 5 et 6.

Or, quand l'expérience a commencé, ces clous étaient à 1 centimètre l'un de l'autre ; et quand l'expérience a fini, ils étaient, l'un de l'autre, à 1 centimètre.

Et cependant l'os n° 1 s'était accru de 6 millimètres ; l'os n° 2, de 2 centimètres 6 millimètres ; et l'os n° 3, de 2 centimètres 7 millimètres.

Encore une fois, tout l'accroissement de l'os s'était donc fait par-delà les clous.

(1) Lorsqu'il s'agira des expériences de ma cinquième Proposition.

L'expérience avait duré vingt-deux jours pour l'os n° 1, quarante-six pour l'os n° 2, et soixante-six pour l'os n° 3.

§ VI.

Deux clous représentent l'expérience relative aux *extrémités* de l'os : sur l'os n° 1, les clous 1 et 6 ; et sur les os n°ˢ 2 et 3, les clous 2 et 7.

Sur l'os n° 1, les deux clous 1 et 6 ont été mis à 5 centimètres 1 millimètre l'un de l'autre ; sur l'os n° 2, les deux clous 2 et 7 ont été mis à 3 centimètres 3 millimètres l'un de l'autre ; et sur l'os n° 3, les deux clous 2 et 7 ont été mis, l'un de l'autre, à 4 centimètres 3 millimètres.

Et je n'ai presque plus besoin de dire que, sur aucun de ces os, la distance d'un clou à l'autre n'a jamais changé.

Mais, sur l'os n° 1, le clou 1, qui était d'abord à 4 millimètres de l'*épiphyse supérieure*, en est maintenant à 7 ; et le clou 6, qui était à 4 millimètres de l'*épiphyse inférieure*, en est aussi à 7.

Sur l'os n° 2, le clou 2, qui d'abord était à 4 millimètres de l'*épiphyse supérieure*, en est maintenant à 20 ; et le clou 7, qui était à 4 millimètres de l'*épiphyse inférieure*, en est à 16.

Sur l'os n° 3, le clou 2, qui était à 4 millimètres

de l'*épiphyse supérieure*, en est à 25 ; et le clou 7, qui était à 3 millimètres de l'*épiphyse inférieure*, en est à 13.

L'os n° 1 s'est donc accru de 3 millimètres par en haut, et de 3 millimètres par en bas.

L'os n° 2 s'est accru de 16 millimètres par en haut, et de 12 par en bas.

Et l'os n° 3 s'est accru de 21 millimètres par en haut, et de 10 par en bas.

Tous ces os se sont donc accrus par en haut et par en bas (1), et ils ne se sont accrus que par en haut et que par en bas.

§ VII.

L'os ne croît donc pas en longueur par l'*extension* de son tissu : il croît en longueur parce que de nouvelles couches, de nouvelles lames s'ajoutent sans cesse les unes aux autres à chacun de ses deux bouts, et s'y *juxtaposent*.

Mais d'où viennent ces couches, ces lames dont la *juxtaposition* successive produit tout l'*accroissement* de l'os en longueur? Elles viennent du *fibro-cartilage* (c'est-à-dire du *périoste* à l'état de *fibro-*

---

(1) En général, l'os croît un peu plus par en haut que par en bas, comme je le vois par les pièces mêmes dont je parle ici, et surtout par les pièces très nombreuses de ma Collection.

cartilage) qui sépare l'os de son *épiphyse*, la *dia- physe* de l'*épiphyse*.

Tant que ce *fibro-cartilage* subsiste, l'os croît en longueur; dès qu'il est entièrement ossifié, tout l'accroissement de l'os en longueur est fini.

§ VIII.

L'os croît donc en longueur comme il croît en grosseur : par des *suradditions* de couches.

Pour sa grosseur, ces couches se *superposent;* et pour sa longueur, elles se *juxtaposent.*

L'os croît donc en longueur par couches juxta- posées.

QUATRIÈME PROPOSITION.

Le canal médullaire s'agrandit par la résorption des couches internes de l'os.

§ 1.

Pour prouver la quatrième *Proposition* de ma théorie, il semble que je pourrais me borner à re- prendre les expériences qui ont prouvé la seconde, c'est-à-dire les expériences où un anneau a été mis autour d'un os.

On se rappelle ces expériences et les pièces qui s'y rapportent.

Sur la pièce 15 de la Planche VI, l'anneau est

encore par dessus l'os ; et sur la pièce 16, il est déjà recouvert par des couches d'os nouvelles.

A la Planche IV, à mesure qu'on va des pièces 7, 8 et 9 aux pièces 10, 11, 12 et 13, on voit l'anneau de plus en plus recouvert par l'os, et de plus en plus près du canal médullaire ; il est tout entier dans le canal médullaire, sur la pièce 14.

Ainsi l'anneau, qui était d'abord sur l'os, est maintenant dans l'os ; l'os recouvre l'anneau qui recouvrait l'os ; en un seul mot, l'anneau était extérieur, et il est intérieur.

Comment ce changement s'est-il fait?

Il n'a pu se faire que de deux manières : Ou l'os s'est *étendu*, et, se trouvant pressé par l'anneau, s'est rompu, pour se rejoindre ensuite par-dessus l'anneau ; ou bien tandis que d'un côté l'os acquérait les couches externes qui ont recouvert l'anneau, il perdait de l'autre ses couches internes, qui étaient résorbées.

La première de ces explications est celle de Duhamel (1) ; la seconde est celle de J. Hunter (2 et la mienne.

_____

(1) « Sitôt qu'on sait que le canal médullaire augmente de dia- » mètre, on peut en conclure que les lames osseuses *s'étendent.*» IV⁰ *Mém. sur les os. (Mém. de l'Acad. des sciences,* année 1743, p. 102.)

(2) « L'addition de matière osseuse nouvelle se fait à la sur-

Et, d'abord, je puis dire contre Duhamel que j'ai répété bien des fois l'expérience qui nous divise, que je l'ai suivie dans tous ses progrès, et que je me suis bien assuré que l'os ne se rompt point, et par conséquent qu'il ne *s'étend* point.

§ II.

Mais cela ne serait pas assez. Une expérience qui a pu se prêter à deux explications aussi différentes que celle de Duhamel et la mienne, n'est pas l'expérience qu'il faut; il faut une expérience qui décide, qui tranche : je crois l'avoir trouvée.

§ III.

Au lieu d'un anneau qui presse, qui résiste, qui peut rompre l'os, j'ai employé une très petite lame de platine (1), si mince qu'elle n'avait presque pas de poids (2), et qui, de plus, étant isolée, libre, ne pouvait offrir à l'os aucune résistance.

» face supérieure de ces parties (des os), tandis qu'une quan-
» tité proportionnelle du tissu osseux ancien est enlevée à leur
» surface inférieure. » *OEuvres complètes* de J. Hunter. (Tra-
duction française par G. Richelot, t. IV, p. 411.)

(1) De 4 millimètres de long sur 2 de large.

(2) Le poids, d'ailleurs, n'aurait pas porté sur l'os : la lame n'est pas *sur* le tibia. *sur* l'os; elle est *au-devant* de l'os.

§ IV.

J'ai placé cette lame sous le périoste, et voici ce qui est arrivé. Les pièces 15, 16, 17, 18, 19, 20, 21 et 22 de la Planche IV montrent la marche du fait dans tous ses progrès.

§ V.

La pièce n° 15 est le *tibia* gauche d'un jeune chien (1), âgé d'un mois. On y voit le périoste incisé, et la lame de platine sous le périoste. Cette pièce représente l'expérience vue au moment où elle vient d'être faite.

La pièce n° 16 est le *tibia* droit d'un jeune chien, du même âge que le précédent, opéré de même, et tué cinq jours après l'opération. Le périoste incisé s'est réuni, et recouvre la plaque de platine.

Dans la pièce n° 17 (2), la lame de platine est déjà recouverte par des lames osseuses.

Ces lames osseuses sont plus nombreuses dans la pièce n° 18.

---

(1) C'est sur des tibias de jeunes chiens que toutes ces expériences ont été faites.

(2) Pour faire mieux voir la position de la lame, on a scié l'os en long dans cette pièce et dans les suivantes.

La lame de platine est au milieu des couches de l'os dans les pièces nᵒˢ 19 et 20.

Elle est presque entièrement dans le canal médullaire sur la pièce nᵒ 21.

Elle y est tout-à-fait sur la pièce nᵒ 22.

Pour ces deux dernières pièces, l'expérience a duré trente-six jours; elle en avait duré vingt pour les pièces 5 et 6 ; douze pour la pièce 4 ; et huit pour la pièce 3.

§ VI.

Ce qui arrive à l'*anneau* arrive donc aussi à la *lame*.

La *lame* est, comme l'*anneau*, successivement recouverte par le périoste, par des couches d'os, par des couches d'os de plus en plus nombreuses; on la trouve enfin dans le canal médullaire.

Et pourtant la *lame* n'a point résisté ; la *lame* n'a rien rompu. L'os, qui primitivement était *sous* la lame, est maintenant *sur* la lame : c'est qu'un *os ancien* a disparu et qu'il s'est formé un *os nouveau*. L'os qui existe aujourd'hui n'est pas celui qui existait quand on a mis la lame, il s'est formé depuis; et l'os qui existait alors n'est plus, il a été *résorbé*. La *résorption* de l'os est donc un fait démontré, un fait certain.

Le canal médullaire s'agrandit donc par la résorption des couches internes de l'os.

CINQUIÈME PROPOSITION.

Les têtes des os sont successivement formées et résorbées, pour être reformées encore, tant que l'os croît.

§ I.

Le fait que j'explique ici est un des plus singuliers de l'accroissement des os.

A mesure qu'un os croît en longueur, ses deux extrémités, ses deux *têtes* s'éloignent de plus en plus l'une de l'autre. Comment cet éloignement se produit-il?

§ II.

Dans la théorie ordinaire de l'accroissement des os par *extension*, rien de plus simple à concevoir que le fait qui m'occupe. Les deux bouts, les deux *têtes* de l'os s'éloignent, parce que le *corps*, parce que la portion intermédiaire de l'os *s'étend*. Mais la théorie de l'*extension* n'est qu'une vaine hypothèse (1). L'os ne croît pas parce qu'il *s'étend*. Il

(1) On vient de le voir par les expériences décisives de l'article précédent.

croît en grosseur par *couches superposées* ; il croît en longueur par *couches juxtaposées* (**1**).

Comment donc, avec la crue de l'os en longueur par *couches juxtaposées*, l'éloignement des *têtes* de l'os peut-il se produire? C'est que les *têtes* de l'os sont successivement formées et résorbées pour être reformées encore, et toujours de plus en plus loin l'une de l'autre, tant que la crue de l'os en longueur dure.

§ III.

Pour suivre l'accroissement des os en longueur, je me suis servi, comme on vient de le voir (**2**), de petits clous enfoncés dans l'os.

C'est du même moyen que je me suis servi pour suivre le déplacement, l'écartement, disons mieux, le *changement* des *têtes* des os, leurs *résorptions* et leurs *reproductions* successives.

§ IV.

La pièce n° 1 de la Planche V est le *tibia* droit d'un jeune lapin (*3*).

(1) Voyez ci-devant les expériences qui prouvent les *Propositions II* et *III*.

(2) Voyez ci-devant les expériences de la *Proposition III*.

(3) Il avait cinq semaines au moment de l'opération, comme les deux autres auxquels appartiennent les pièces 2 et 3.

On a déjà vu que six clous avaient été mis sur cet os; mais je ne parle plus ici que du clou qui se rapporte à mon objet présent (1).

Ce clou est le clou 2 : il a été mis, d'un côté, au niveau de l'*apophyse* ou *épine du tibia*, et, de l'autre, à 4 millimètres du clou 1, mis, à son tour, à 5 centimètres 1 millimètre du clou 6.

On se rappelle que l'expérience a duré vingt-deux jours; que l'os, qui, au commencement de l'expérience, avait 6 centimètres de long, avait, à la fin de l'expérience, 6 centimètres 6 millimètres; qu'il s'était donc accru en longueur de 6 millimètres; et que tout l'accroissement s'était fait par-delà les clous, puisque l'intervalle des clous n'avait pas changé.

Je viens au clou qui m'importe ici, au clou qui avait été placé au niveau de l'*épine du tibia :* il s'en trouve maintenant à 3 millimètres; et comme il n'a pas bougé (c'est-à-dire changé par rapport aux autres (2)), c'est donc l'*épine du tibia* qui s'est éloignée, c'est elle qui a changé.

Pour la pièce n° 2, l'expérience a duré quarante-six jours. Le clou 3, qui d'abord était au niveau

(1) J'ai parlé des autres clous à propos des expériences relatives à ma *III*e *Proposition.* Voyez ci-devant, p. 18 et 19.

(2) Par rapport aux clous 1 et 6.

de l'*épine du tibia* (1), en est maintenant à 13 millimètres. L'*épine* s'en est donc éloignée de 13 millimètres.

Sur la pièce n° 3, pour laquelle l'expérience a duré soixante-six jours, l'épine s'est éloignée du clou 3 de 17 millimètres (2).

§ V.

L'*épine*, c'est-à-dire la *tête* du *tibia*, se déplace, s'éloigne donc de plus en plus à mesure que l'os croît en longueur. A parler plus exactement, l'os *change* continuellement de *tête*, pendant qu'il croît en longueur. En effet, ce n'est pas la même tête qui s'éloigne ; ce sont des *têtes* diverses qui, successivement, sont formées pour être résorbées, et résor-

(1) Il était à 3 millimètres du clou 2 ; et celui-ci, comme on l'a déjà vu (p. 19), était à 3 centimètres 3 millimètres du clou 7. Aucune de ces distances n'a jamais changé.

(2) Le clou était à 3 millimètres du clou 2, et celui-ci à 4 centimètres 3 millimètres du clou 7. Aucune de ces distances n'a jamais changé.

N. B. Il me reste à parler de l'expérience des *épiphyses :* je n'en dirai qu'un mot, et même (pour ne pas détourner l'attention de l'expérience plus importante des *apophyses* ou *têtes* de l'os) je ne le dirai qu'en Note.

Sur l'os n° 2, on a mis, ou voulu mettre un clou dans chaque *épiphyse.* Par erreur, le clou 1 a été mis, non dans l'*épiphyse*, mais dans le *fibro-cartilage* qui sépare l'*épiphyse* de la *diaphyse :*

bées pour être reproduites. La *tête* qui , sur la pièce n° 1, était au niveau du clou quand l'expérience a commencé, n'est plus, et la tête qui en est maintenant à 3 millimètres est une *tête* nouvelle. Il faut en dire autant des *têtes* actuelles des pièces n° 2 et n° 3 : ce sont des *têtes* nouvelles; les *têtes* anciennes ont disparu. Il y a donc une succession, une mutation continuelle des *têtes* des os pendant tout l'accroissement des os en longueur.

Les têtes des os sont donc successivement formées et résorbées, pour être reformées encore, tant que l'os croît.

il était là à 4 millimètres du clou 2, et il est resté à 4 millimètres du clou 2.

Au contraire, le clou 8 avait été bien mis dans l'*épiphyse;* et ce clou, qui n'était d'abord qu'à 4 millimètres du clou 7, en est maintenant à 17 millimètres.

Sur l'os n° 3, les deux clous 1 et 8 ont été bien mis dans les *épiphyses:* aussi, le clou 1, qui d'abord n'était qu'à 4 millimètres du clou 2, en est maintenant à 25 millimètres; et le clou 8, qui n'était qu'à 4 millimètres du clou 7, en est à 14.

L'os ne *s'étend* pas, et voilà pourquoi les clous mis dans l'os ne *s'éloignent* pas l'un de l'autre; mais, entre l'os et l'épiphyse, il *s'interpose* sans cesse de nouvelles couches (tant que l'os croît), et voilà pourquoi l'épiphyse s'éloigne sans cesse de la *partie moyenne* de l'os (tant que l'os croît).

SIXIÈME PROPOSITION.

La mutation continuelle de la matière est le grand et merveilleux ressort du développement des os.

§ I.

Ce merveilleux ressort est démontré par les expériences des *anneaux* (1), par celles des *lames* (2), qui montrent que le *corps* de l'os tout entier est continuellement résorbé et reformé, qu'il se renouvelle sans cesse.

Il est démontré encore par les expériences des *clous* (3), qui montrent que les *têtes* des os sont successivement résorbées et reproduites, qu'elles sont continuellement *rénovées*.

§ II.

Et cette rénovation continue est, de plus, très rapide.

Il faut quelques semaines à peine pour la rénovation entière du *corps* de l'os, pour celle des *têtes* des os.

Pour le *corps* de l'os, l'expérience la plus longue

(1) Voyez ci-devant les expériences de la *Proposition II*.
(2) Voyez ci-devant les expériences de la *Proposition IV*.
(3) Voyez ci-devant les expériences de la *Proposition V*.

a duré trente-six jours (1); et pour les *têtes* des os, l'expérience la plus longue est de soixante-six jours (2).

§ III.

Quand un os croît en grosseur ou en longueur, il ne *s'étend* pas pour devenir plus gros, il ne *s'étend* pas pour devenir plus long. L'os change continuellement de *corps* et de *têtes*, pendant qu'il s'accroît. Pour mieux dire encore, et pour dire tout, ce n'est pas le même os qui s'accroît : c'est une suite d'os qui disparaissent, et une nouvelle suite d'os qui se forment.

Ce n'est pas le *même os* qui devient plus gros, ce n'est pas le *même os* qui devient plus long : à un os d'une grosseur donnée succèdent des os de plus en plus gros, à un os d'une longueur donnée succèdent des os de plus en plus longs.

La mutation continuelle de la matière est donc le grand et merveilleux ressort du développement des os.

(1) Voyez ci-devant les expériences de la *Proposition IV :* expérience ou pièce 22 (Planche IV).

(2) Voyez ci-devant les expériences de la *Proposition V :* expérience ou pièce 3 (Planche V).

CONCLUSION DE CE CHAPITRE.

Toutes les *Propositions* de ma théorie sont donc prouvées :

L'os se forme dans le périoste;

Il croît en grosseur par couches superposées;

Il croît en longueur par couches juxtaposées;

Le canal médullaire s'agrandit par la résorption des couches internes de l'os;

Les têtes des os sont successivement résorbées et reproduites tant que l'os croît ;

Et la *mutation continuelle* de la matière est le grand et merveilleux ressort, ressort admirable et jusqu'ici demeuré inconnu, du développement des os.

CHAPITRE II.

IDENTITÉ DE LA MEMBRANE MÉDULLAIRE ET DU PÉRIOSTE.

Je prouve, dans ce chapitre :

Que la membrane médullaire est l'organe qui résorbe les couches internes de l'os ;

Que la membrane médullaire produit l'os comme le produit le périoste ;

Que, de son côté, le périoste résorbe l'os comme le résorbe la membrane médullaire ;

Et que, dans certains cas, le périoste produit et donne la membrane médullaire elle-même.

La membrane médullaire et le périoste sont donc un seul et même organe.

PREMIÈRE PROPOSITION.

La membrane médullaire est l'organe qui résorbe les couches internes de l'os.

Résorption, par la membrane médullaire, des os propres de l'animal.

§ I.

On connaît les belles expériences de Troja.

Troja sciait un os long en travers, un os des membres, par exemple ; et puis, portant un stylet dans le canal médullaire de cet os, il en détruisait toute la membrane. Au bout de quelque temps, l'os, dont la membrane médullaire avait été détruite, tombait en nécrose, et tout autour de cet os mort il se formait un os nouveau.

§ II.

Ce sont des expériences, faites à la manière de Troja, qui m'ont ouvert les yeux sur le rôle que joue la membrane médullaire dans la résorption des os.

Tout en me donnant une fois encore dans le périoste ce que nous venons d'y voir, c'est-à-dire l'organe qui forme l'os, ces expériences m'ont donné de plus, dans la membrane médullaire, l'organe qui le résorbe.

§ III.

Il y a donc dans les os un organe de formation, qui est le périoste ; et il y a un organe de résorption, qui est la membrane médullaire (1).

(1) Le périoste ne se borne pas à former l'os, il le résorbe ; la membrane médullaire ne se borne pas à résorber l'os, elle le forme. Ce chapitre a précisément pour objet de prouver ce double rôle dans chacun de ces deux organes. Mais chaque vé-rité ne peut être prouvée qu'à son tour.

§ IV.

La pièce n° 4 de la Planche VI est la moitié d'un radius de bouc scié en long.

Ce radius est un os entièrement nouveau, et dans cet os nouveau se trouve enfermé de toute part un os ancien, un os mort, un os dont la membrane médullaire avait été détruite.

Voici comment l'expérience qui m'a fourni ce résultat, beaucoup plus complet qu'aucun de ceux obtenus par Troja lui-même, a été conduite.

§ V.

Troja (1) commençait par scier en travers l'os dont il voulait détruire la membrane médullaire. Il amputait le membre dans la *continuité* de l'os. Il n'y avait donc qu'une portion d'os qui fût soumise à l'expérience ; il n'y en avait qu'une de conservée ; et, par conséquent, il n'y avait qu'une portion d'os qui pût se reproduire.

J'ai voulu, dans mon expérience, que l'os pût se reproduire tout entier. Je me suis donc borné à pratiquer un trou sur le radius ; et puis, portant un stylet par ce trou dans le canal médullaire, j'en ai

(1) *De novorum ossium, in integris aut maximis ob morbos deperditionibus, Regeneratione experimenta*, 1775.

détruit toute la membrane. Ainsi tout l'os a été soumis à l'expérience, tout l'os a été conservé, et tout l'os a pu se reproduire.

C'est, en effet, ce qui a eu lieu. Le radius, conservé tout entier, soumis tout entier à l'expérience, s'est reproduit tout entier (1).

Et ce n'est pas tout. Tout comme il s'est formé un os entièrement nouveau, il s'est formé aussi une membrane médullaire entièrement nouvelle.

Quant à l'os ancien, il est enfermé de toute part, comme je viens de le dire, dans l'os nouveau ; mais il y est mobile, mais il en est séparé partout par la nouvelle membrane médullaire, et déjà même il est en partie détruit, résorbé, par cette membrane.

§ VI.

Les pièces 4 et 6 de la Planche VI sont les deux moitiés du radius que je décris ici, et que j'ai fait scier en long, pour qu'on en pût voir l'intérieur.

La pièce 4, vue de dehors en dedans, et sur la coupe, offre d'abord le périoste, puis l'os nouveau, puis la membrane médullaire nouvelle, puis l'os ancien, et, dans l'os ancien, les débris de la membrane médullaire ancienne, de la membrane médullaire qui a été détruite.

(1) Voyez Planche VI, fig. 4 et 6.

§ VII.

La pièce n° 6 est la seconde moitié du radius que je décris. Mais on a retiré de cette moitié l'os ancien, l'os mort, l'os qui formait séquestre. Il ne reste donc plus ici que la nouvelle membrane médullaire et l'os nouveau.

Enfin la pièce n° 5 est ce même os ancien et mort, retiré, comme je viens de le dire, de la seconde moitié du radius nouveau.

Cet os ancien est vu ici par sa face externe. Or, on remarquera d'abord que cette face externe est tout usée, toute rongée ; et l'on remarquera ensuite que le corps seul de l'os subsiste : les deux extrémités, tant la supérieure que l'inférieure (1), ont déjà disparu, détruites et résorbées par la membrane médullaire.

§ VIII.

La pièce n° 1 est la moitié d'un radius de cochon scié en long.

L'animal avait été opéré de la même manière que

(1) Je ne parle ici que des extrémités de l'*os même ;* les *épiphyses*, auxquelles, dans ces expériences, il n'est point touché, restent et passent de l'os ancien à l'os nouveau.

le précédent; mais il a survécu beaucoup moins longtemps à l'opération. Aussi, d'une part, l'os nouveau n'est-il pas encore entièrement formé, et, de l'autre, la résorption de l'os ancien est - elle beaucoup moins avancée.

On voit dans l'intérieur de la pièce n° 1 l'os ancien et mort, l'os dont la membrane médullaire a été détruite.

Autour de cet os ancien est une membrane épaisse, laquelle est la membrane médullaire nouvelle, et entre cette membrane médullaire nouvelle et le périoste, également très épais, se forme l'os nouveau, dont l'ossification n'est encore complète que sur quelques points.

La pièce n° 3 est la seconde moitié de ce même radius, dont on a ôté l'os ancien, l'os mort, et qui formait séquestre.

§ IX.

Il n'est pas un seul détail de la pièce que j'examine en ce moment qui n'ait son importance.

Là où le nouvel os se forme, cet os nouveau se trouve placé entre le périoste et la membrane médullaire nouvelle. Là où le nouvel os ne paraît pas encore, ces deux membranes (la membrane médullaire nouvelle et le périoste) sont unies l'une à l'autre, et n'en font qu'une (1).

Enfin, et ceci est surtout le point qui m'importe ici, à la face interne de la membrane médullaire nouvelle se voit un tissu d'un aspect singulier, ou plutôt une surface toute parsemée de petits mamelons et de petits creux. C'est par cette surface, tour à tour creuse et mamelonnée, que la membrane médullaire nouvelle agit sur l'os ancien, le dissout, le ronge, et finit par le résorber.

Et ce que je dis ici est clairement marqué sur la pièce n° 2.

Cette pièce n° 2 est l'os ancien retiré de la pièce même que je viens de décrire.

Or, cet os ancien, vu par sa face externe, est tout usé, tout rongé; et ce qui paraîtra sans doute plus décisif encore, c'est que partout la surface de l'os *érodé* répond à la surface de la nouvelle membrane médullaire tour à tour creuse et mamelonnée, c'est que partout à chaque creux de l'os répond un mamelon de la membrane médullaire, et à chaque creux de la membrane médullaire une saillie de l'os.

_____

(1) Très épaisse, à la vérité, et très facilement divisible en plusieurs feuillets.

§ X.

Les pièces que je viens de décrire montrent : .

1° Que la destruction de la membrane médullaire d'un os est suivie d'abord de la mort de cet os, et ensuite de la formation d'une membrane médullaire nouvelle et d'un os nouveau (1);

2° Que l'os nouveau se forme dans le périoste de l'os ancien ;

3° Que ce même périoste de l'os ancien donne la membrane médullaire nouvelle, laquelle tient d'abord à ce périoste, et ne s'en sépare que par l'interposition de l'os nouveau ;

Et 4° que la face interne de la membrane médullaire nouvelle, tour à tour creuse et mamelonnée, dissout et ronge peu à peu l'os ancien, et finit par le résorber.

La membrane médullaire est donc l'organe qui résorbe l'os.

(1) Qui finit par être tout semblable à l'ancien. Voy. Planche VI, fig. 4 et 6. Ce radius nouveau, comparé au radius de l'autre jambe du même animal, s'est trouvé seulement plus gros : c'est qu'il contenait l'os ancien autour duquel il s'était formé.

Résorption de portions d'os étrangères à l'animal.

§ I.

Dans les expériences précédentes, les os résorbés appartiennent à l'animal même. Ici les os résorbés sont étrangers à l'animal.

§ II.

On a commencé par faire un trou à l'un des deux *tibias* d'un chien, puis on a introduit dans le canal médullaire de ce *tibia* une petite côte de lapin, et puis on a laissé vivre l'animal.

La membrane médullaire s'est gonflée, l'os a grossi ; enfin on a sacrifié l'animal, et l'on a retiré de son *tibia* la petite côte qu'on y avait introduite.

§ III.

Les pièces n°s 25 et 26 de la Planche IV sont trois de ces petites côtes de lapins qui avaient été introduites dans le canal médullaire du *tibia*, sur différents chiens.

La petite côte n° 25 montre déjà des traces manifestes d'érosion, d'usure, de résorption ; ces traces sont plus manifestes encore sur les deux petites côtes n° 26.

Et pour qu'on puisse bien juger de l'érosion de ces trois petites côtes, j'ai fait placer près de chacune, la côte correspondante (ou de l'autre côté de l'animal), conservée intacte.

§ IV.

Les pièces n°s 23 et 24 sont deux *tibias* de chien, dans lesquels on a laissé les petites côtes qu'on y avait introduites.

Dans la pièce 23, on voit la côte qui commence à être rongée, résorbée

Dans la pièce n° 24, la petite côte introduite est presque entièrement résorbée.

§ V.

La membrane médullaire résorbe donc jusqu'à des portions d'os étrangères à l'animal.

Encore une fois, *la membrane médullaire est donc l'organe qui résorbe l'os.*

SECONDE PROPOSITION.

**La membrane médullaire produit l'os comme
le produit le périoste.**

§ I.

Quand on détruit, à la manière de Troja, la membrane médullaire d'un os, cet os meurt. Puis le périoste donne un os nouveau et une nouvelle membrane médullaire, et puis cette membrane médullaire nouvelle résorbe, ronge l'os ancien, l'os mort (1).

§ II.

J'ai fait une expérience qui est de tout point l'inverse de celle de Troja.

Troja détruisait la membrane médullaire et respectait le périoste. J'ai détruit le périoste et j'ai respecté la membrane médullaire.

Et j'ai obtenu des résultats de tout point inverses de ceux de Troja.

Dans l'expérience de Troja, l'os nouveau contenait l'os ancien, et était produit par le périoste. Dans la mienne, l'os nouveau est contenu dans l'ancien, et est produit par la membrane médullaire.

(1) On vient de voir tout cela dans les expériences relatives à la *Proposition* précédente.

Enfin, dans l'expérience de Troja, c'est la membrane médullaire qui résorbe l'os ancien, l'os mort, et, dans la mienne, c'est le périoste.

§ III.

Je laisse, pour un moment, la résorption de l'os par le périoste : tout-à-l'heure j'y reviendrai (1). Je m'arrête ici à la production de l'os par la membrane médullaire.

§ IV.

Les pièces 6, 7 et 8 de la Planche V sont des *tibias* de canards adultes : sur ces *tibias*, toute la région moyenne de l'os a été dépouillée de périoste.

L'expérience a duré vingt jours pour le premier, vingt-huit pour le second, et trente et un pour le troisième.

Sur ces trois *tibias*, on voit : 1° que l'os ancien (l'os qui a été dépouillé de son périoste) est mort (2); et 2° que dans l'intérieur, dans le canal médullaire de cet os ancien, est un os nouveau, un os produit par la membrane médullaire (3).

(1) Pour la démonstration de la *Proposition* suivante.

(2) Du moins en partie : l'os, dépouillé de périoste, ne meurt pas tout entier. Ordinairement ce sont les couches extérieures qui seules meurent.

(3) On a vu ci-devant, *Ire Proposition*, p. 11, la membrane

Cet os nouveau, qui remplit le canal médullaire de l'os ancien, se voit ici sur les trois *tibias* dont je parle ; et surtout il se voit bien sur le *tibia* 6 : *f* est la portion du canal médullaire, libre et à l'état ordinaire ; *h* est l'os intérieur, l'os nouveau formé dans ce canal, et qui répond à toute la portion d'os dont on a détruit le périoste.

§ V.

Lors donc qu'on détruit le périoste d'un os, la membrane médullaire produit l'os qu'aurait produit le périoste si l'on eût détruit la membrane médullaire, et elle remplit de cet os nouveau le canal médullaire de l'os ancien.

La membrane médullaire produit donc l'os, comme le produit le périoste.

médullaire s'ossifier dans une *canule d'argent* où elle s'était introduite. On verra bientôt (chapitre suivant) cette même membrane s'ossifier dans la plupart des fractures, et y intercepter momentanément, comme par une sorte de *cloison*, de *bouchon osseux*, la continuité du canal médullaire. Toutes mes expériences montrent également la formation de l'os par la *membrane médullaire* et par le *périoste*.

TROISIÈME PROPOSITION.

Le périoste résorbe l'os comme le résorbe la membrane médullaire.

Résorption par le périoste des os mêmes de l'animal.

§ I.

Je reviens aux expériences de la *Proposition* qui précède.

§ II.

Sur les trois *tibias* que je viens de décrire, on voit d'abord l'os ancien, l'os mort, et, dans l'os mort, l'os nouveau produit par la membrane médullaire; mais on y voit de plus : 1° que le périoste qui avait été détruit s'est reproduit; et 2° que ce périoste nouveau, très tuméfié, très gonflé, s'attache à l'os mort et le résorbe, le ronge.

§ III.

Sur le *tibia* 6, le périoste nouveau commence à s'attacher à l'os mort et à le résorber.

Sur les *tibias* 7 et 8, pour lesquels l'expérience a duré plus longtemps que pour le *tibia* 6, le périoste nouveau ne se borne pas à s'attacher à l'os mort pour le ronger et le résorber ; il l'a déjà résorbé, percé en plusieurs points, et, passant par ces points percés, il a fini par atteindre l'os nouveau, et par s'y implanter.

Résorption par le périoste de petits os étrangers à l'animal.

§ I.

J'ai placé de petites lames d'un os étranger, d'un os mort, sous le périoste d'un os vivant : au bout de quelque temps, ces petites lames d'os ont été résorbées.

§ II.

Les pièces n°^{os} 4 et 5 de la Planche V sont deux *tibias* de deux jeunes chiens.

Sur chacun de ces *tibias*, deux petites lames d'os ont été placées, l'une sous le périoste de la *tête* supérieure, et l'autre sous le périoste de la *tête* inférieure.

Pour le *tibia* n° 4, l'expérience a duré vingt-six jours ; et les petites lames d'os sont déjà usées, rongées, résorbées sur leurs bords par le périoste.

L'expérience a duré trente et un jours pour le *tibia* n° 5 ; et les petites plaques d'os sont ici presque

entièrement résorbées. Je parle surtout de la supérieure ; il en reste à peine un vestige.

§ III.

La figure 4 *bis* représente une petite lame d'os
préparée pour l'expérience, mais qui n'y a point
été soumise. Elle est ici pour servir de terme de
comparaison par rapport aux autres.

§ IV.

Je faisais voir tout-à-l'heure que la membrane
médullaire résorbe les os de l'animal et les os qui lui
sont étrangers. Le périoste résorbe de même et les
os propres de l'animal, et les os qui lui sont étrangers.

*Le périoste résorbe donc l'os tout comme le résorbe
la membrane médullaire.*

QUATRIÈME PROPOSITION.

**Dans certains cas, le périoste produit la membrane
médullaire.**

§ I.

Quand je détruis la membrane médullaire d'un

4

os , cet os meurt , et le périoste de cet os mort donne un os nouveau (1).

Mais ce périoste ne donne pas seulement un os nouveau , il donne aussi une membrane médullaire nouvelle.

Nous avons vu , sur les pièces 1 et 3 de la Planche VI , l'os nouveau se former dans le périoste très tuméfié , très gonflé , et séparer par là ce périoste en deux portions, dont l'externe devient le périoste de l'os nouveau , et l'interne la membrane médullaire nouvelle.

§ II.

Les pièces 11 et 13 de cette même Planche sont les deux moitiés du *tibia* droit d'un lapin.

Sur cet animal, on a commencé par scier le *tibia* en travers , comme le faisait Troja (2) ; après quoi, un stylet a été porté dans l'os, et la membrane médullaire a été détruite.

Au bout de quelque temps, l'os, à membrane médullaire détruite , est mort ; et dans le périoste de cet os mort, un nouvel os s'est formé.

L'expérience a duré quarante jours.

(1) Voyez ci-devant, p. 35 et suiv.
(2) Voyez ci-devant, p. 35.

§ III.

Les pièces 11 et 13 sont les deux moitiés de l'os, comme je viens de le dire.

Au point c est le nouvel os ; et, au point d, est le périoste, qui, parvenu au bout inférieur de l'os, se replie, et se porte, se glisse entre les deux os, pour y former la membrane médullaire nouvelle.

La pièce 12 est la portion morte de l'os ancien.

§ IV.

La pièce 14 est la moitié du *tibia* droit d'un lapin.

Sur cet os, la membrane médullaire avait été détruite.

L'expérience a duré dix-neuf jours.

On voit, sur cette pièce :

1° Au point e, l'os ancien, mort, et déjà en partie rongé, résorbé par la membrane médullaire nouvelle ;

2° Au point c, l'os nouveau ;

Et 3°, au point d, le périoste, qui, parvenu au bout inférieur de l'os, au bout scié, se replie et se porte entre les deux os, l'ancien et le nouveau, pour y former la membrane médullaire.

Dans certains cas, le périoste produit donc la membrane médullaire.

§ V.

Mais ce n'est pas tout : dans les expériences où une *canule d'argent* a été placée dans le trou d'un os (1), j'ai vu souvent la *membrane médullaire* traverser la *canule*, et venir se joindre au périoste, ou, réciproquement, le périoste traverser la *canule* pour aller se joindre à la membrane médullaire.

La *membrane médullaire* peut donc donner le *périoste;* le *périoste* peut donner la *membrane médullaire :* ils se donnent tous deux, et par conséquent ils ne sont, tous deux, qu'un seul et même organe.

CONCLUSION DE CE CHAPITRE.

Toutes les *Propositions* de ce chapitre sont donc aussi prouvées :

La membrane médullaire est l'organe qui résorbe les couches internes de l'os;

La membrane médullaire produit l'os comme le produit le périoste;

(1) Voyez ci-devant, p. 11.

De son côté, le périoste résorbe l'os comme le résorbe la membrane médullaire ;

Et, dans certains cas, le périoste produit et donne la membrane médullaire elle-même ;

Le périoste et la membrane médullaire sont donc un seul et même organe (**1**).

---

(1) Le vrai nom de la *membrane médullaire* est le nom de *périoste interne*. La *moelle*, ou, plus exactement, la *graisse*, vient, dans l'intérieur de l'os comme partout, d'un *tissu* particulier (le *tissu adipeux*), qu'il faut bien distinguer de la *membrane médullaire* que j'étudie ici, du *périoste interne*.

CHAPITRE III.

FORMATION DU CAL.

Je prouve, dans ce chapitre :

Que le *cal* se forme dans le périoste ;

Qu'il ne se forme que dans le périoste ;

Et, par conséquent, que la formation du *cal* n'est qu'un cas particulier du cas général, du cas ordinaire de la formation des os.

PREMIÈRE PROPOSITION.

Le cal se forme dans le périoste.

§ 1.

Deux opinions régnaient, avant Duhamel, sur la formation du *cal.*

« On se contente d'admettre ordinairement, dit
» Duhamel, que cette grosseur osseuse, qu'on
» nomme le *cal*, et qui réunit les os fracturés, est
» formée par un épanchement de suc osseux, qu'on
» suppose qui transsude ou de l'os même, ou des
» parties voisines ; et l'on croit que ce suc osseux

» soude l'un à l'autre les deux bouts d'os rompus, à
» peu près comme les plombiers soudent avec de
» l'étain deux bouts de tuyau (1).

» D'autres, ajoute-t-il, ont cru qu'outre cet épan-
» chement du suc osseux, les extrémités des fibres
» osseuses rompues s'allongeaient et se joignaient
» les unes aux autres, à peu près comme font les
» parties molles (2). »

Telles étaient, avant Duhamel, les idées reçues
sur la formation du *cal*.

§ II.

Duhamel ne tarda pas à s'en faire d'autres.

Dès ses premières expériences (3), il vit qu'il n'y
avait ni *épanchement de suc* ni *allongement de fibres*,
et que le *cal* n'était que le périoste *ossifié*, devenu
os.

« Ces expériences, dit-il, lèvent, je crois, les
» principales difficultés qu'on avait sur la réunion
» des fractures et sur la formation des cicatrices qui
» opèrent la guérison de plaies des os ; car, si on

---

(1) *Observations sur la réunion des fractures des os,*
*I*er *Mémoire*, p. 99. (*Mém. de l'Acad. des sciences*, année 1741.)

(2) *Ibid.*, p. 99.

(3) Qui ne furent que des *fractures*, comme je l'ai déjà dit.
(Ci-devant, p. 4.)

» avait peine à concevoir que des fibres dures et
» roides, comme le sont celles des os, fussent ca-
» pables de s'allonger, de s'étendre et de se souder
» les unes aux autres, on a lieu d'être satisfait quand
» on voit que ce sont les fibres molles, ductiles et
» expansibles du périoste qui se gonflent, qui prê-
» tent, qui s'allongent, qui se soudent (1).

    » On ne sera point non plus en peine, continue-
» t-il, de savoir d'où transsude le suc osseux qu'on
» croyait nécessaire pour former le *cal*, et pour
» remplir les plaies des os, puisqu'on voit que c'est
» le périoste qui, après avoir rempli les plaies des
» os ou s'être épaissi autour de leurs fractures,
» prend ensuite la consistance de cartilage, et ac-
» quiert enfin la dureté des os (2). »

    Il dit enfin : « J'ai prouvé, par quantité d'expé-
» riences, que le *cal* qui opère cette réunion (la
» réunion des fractures des os) n'est pas produit,
» comme on le croyait, par un épanchement d'un
» suc osseux, mais qu'on en est redevable à l'épais-
» sissement et à l'ossification de plusieurs lames du
» périoste, qui forment une espèce de virole osseuse,
» laquelle assujettit les bouts d'os rompus; j'ai fait
» voir que les lames du périoste, qui étaient d'abord

---

(1) *Observations sur la réunion des fractures des os.*
*I*er *Mémoire*, p. 107. (*Mém. de l'Acad. des sciences*, année 1741.)
    (2) *Ibid.*, p. 107.

» membraneuses, devenaient ensuite cartilagineuses,
» et qu'elles acquéraient enfin la dureté des os (1). »

Il n'y a donc, selon Duhamel, ni *suc osseux épanché*, ni *allongement des fibres osseuses;* le *cal* n'est que l'*endurcissement du périoste* (2) ; et Duhamel a parfaitement raison.

§ III.

Nous avons déjà vu, et beaucoup plus clairement qu'on ne peut le voir sur de simples fractures, comment le *cal*, c'est-à-dire comment une *nouvelle portion d'os* se forme entre deux bouts d'os rompus.

Qu'on se reporte aux expériences où une portion de côte a été retranchée, et où cette portion *retranchée* a été *reproduite* par le périoste laissé entre les deux bouts de côte (3).

Eh bien, cette portion de côte, cette portion d'os reproduite est un *cal*, un véritable *cal;* seulement le *cal* est ici plus gros que dans les cas ordinaires de simples fractures, parce qu'il y a eu de l'os retranché, de l'os perdu, parce qu'il y a eu perte de substance.

(1) *IIIe Mémoire sur les os*, p. 355. (*Mém. de l'Acad. des sciences*, année 1742.

(2) Expression de Duhamel : *Ier Mémoire sur les os*, p. 107, année 1741.

(3) Voyez ci-devant, p. 6 et suiv.

§ IV.

Tout ce que la reproduction d'une *portion re-tranchée* de côte nous a donné en grand, la réunion des fractures va nous le donner en petit.

§ V.

Les pièces 9, 10, 11, 12, 13, 14, 15 et 16 de la Planche V sont des *tibias* de lapins ou de jeunes chiens, qu'on représente ici sciés en long, pour faire mieux voir la manière dont le périoste s'unit à la membrane médullaire et aux bouts d'os rompus.

§ VI.

On voit sur le *tibia* n° 9 les deux bouts d'os rom-pus et les nombreux filaments par lesquels le pé-rioste s'attache à l'os.

L'expérience n'a duré que trois jours.

Pour le *tibia* 10, l'expérience a duré dix jours.

Ici le périoste est très gonflé, et l'on voit les gros prolongements qu'il envoie de chaque côté de l'os, entre les bouts d'os rompus. On voit aussi qu'il s'unit par ces *prolongements* à la membrane médullaire.

L'expérience a duré quinze jours pour le *tibia* 11.

Sur ce *tibia*, le périoste, également très épaissi,

vient s'unir, de même, à la membrane médullaire,
en passant entre les bouts d'os rompus.

L'expérience, pour le *tibia* 12, a duré vingt-deux
jours. On voit déjà dans le périoste épaissi un petit
os, un petit noyau osseux.

Et l'on remarquera bien, sans doute, que ce
point osseux, cette nouvelle portion d'os, ce *cal*
(car voilà le *cal* qui paraît) est dans le milieu même
du périoste épaissi, dans le périoste seul, et non
dans un épanchement quelconque extérieur au périoste.

L'expérience a duré vingt jours pour le *tibia* 13.

Sur ce *tibia*, il y a deux noyaux osseux dans le
périoste, et toujours dans le périoste seul, toujours
isolés, toujours séparés des deux bouts d'os rompus.

Et l'on remarquera bien encore que les deux
bouts d'os rompus ne s'allongent pas, qu'ils ne
s'avancent pas l'un vers l'autre, qu'ils ne bougent pas.

§ VII.

Les pièces 14 et 15 sont deux moitiés de *tibia* de
deux lapins. On a scié l'os en long, pour en faire
voir l'intérieur.

Pour le premier *tibia*, l'expérience a duré dix
jours ; elle en a duré quarante-cinq pour le second.

Sur le premier, les deux bouts rompus sont contenus, enfermés dans une *capsule* toute de périoste.

Dans le second, cette *capsule* de périoste est tout ossifiée. Cette *capsule d'os* est la *virole osseuse* de Duhamel (1).

§ VIII.

La pièce 16 est la moitié du *tibia* droit d'un chien (2).

L'expérience a duré quarante-cinq jours.

La fracture est tout-à-fait réunie, consolidée ; on voit pourtant encore, au milieu du canal médullaire, une cloison osseuse, reste des prolongements ossifiés du périoste et de la membrane médullaire.

Cette cloison osseuse sera plus tard résorbée.

§ IX.

Quand un os est fracturé, le périoste commence donc par se tuméfier, par se gonfler, par envoyer des prolongements entre les bouts d'os rompus, et ceci est, pour le périoste, le premier progrès ; le

(1) « Le cal est produit par un endurcissement du périoste » qui forme autour de la fracture une virole osseuse. » Duhamel, *I*er *Mémoire sur les os.* (*Mém. de l'Acad. des sciences*, année 1741, p. 107.)

(2) On voit toujours ici l'os scié en long.

second progrès est de s'attacher à ces bouts et de
s'unir à la membrane médullaire : puis il paraît,
dans le périoste, un ou plusieurs noyaux osseux ;
enfin, ces noyaux osseux se développent, s'étendent,
touchent, de chaque côté, à chaque bout d'os
rompu ; et la *fracture est réunie.*

Tout se passe donc dans le périoste : c'est le périoste qui se gonfle ; c'est le périoste qui s'attache
aux bouts d'os rompus ; c'est le périoste qui s'unit à
la membrane médullaire ; c'est dans le périoste que
naissent et se développent les noyaux osseux ; et
ces noyaux osseux sont le *cal*, le vrai *cal*, tout le
cal, l'intermédiaire solide qui *réunit la fracture*, qui
rejoint les bouts d'os rompus.

Le cal se forme donc dans le périoste.

SECONDE PROPOSITION.

Le cal ne se forme que dans le périoste.

§ 1.

Reprenons les pièces que nous venons de voir.

Sur la 10ᵉ, sur la 11ᵉ, nous voyons le périoste
tuméfié, gonflé, s'attachant aux bouts d'os rompus,
s'unissant à la membrane médullaire.

Sur la pièce 12, nous voyons déjà un noyau osseux, premier rudiment, premier germe de la por-

tion d'os nouvelle qui va se former, du *cal :* mais ce
noyau osseux, où est-il? dans le périoste.

La pièce 13 a deux noyaux osseux : mais où sont-
ils encore? toujours dans le périoste.

La pièce 14 nous offre une capsule molle ; c'est le
périoste à l'état de périoste proprement dit, de
membrane.

La pièce 15 nous offre une capsule solide ; c'est
le périoste à l'état d'os.

§ II.

Ceux qui ont cru voir le *cal*, c'est-à-dire l'os, se
former dans un *suc gélatineux*, *glutineux*, dans
une *matière épanchée*, ont pris pour un *suc*, pour
une *matière épanchée*, ce qui précisément est le
périoste, mais le périoste tuméfié, gonflé, gorgé de
sucs, et que, dans cet état nouveau, ils n'ont pas
su reconnaître.

Toute la suite de leurs erreurs vient de cette première méprise.

Le cal ne se forme donc que dans le périoste.

§ III.

Et il n'est pas plus vrai que, dans une fracture,
les bouts d'os rompus s'*étendent*, s'*allongent* pour
se réunir l'un à l'autre, qu'il n'est vrai que le *cal*,

que l'*os*, se forme dans une *matière étrangère* au périoste.

On en voit ici même, sur les pièces 14, 15 et 16, des preuves frappantes.

Sur la pièce 14, où la capsule du périoste est encore molle, les bouts rompus ne s'*allongent pas;* sur la pièce 15, où la capsule du périoste est déjà solide, ils ne *se sont pas allongés;* sur la pièce 16, la fracture est entièrement *réunie*, et les bouts rompus n'ont pas bougé, ils ne se sont pas rapprochés, ils sont séparés, ils resteront toujours séparés l'un de l'autre par toute la portion d'os nouvelle, par tout le *cal.*

Je le répète donc, car je l'ai déjà dit, et redit, à propos de mes expériences sur les *côtes* (1), jamais les bouts d'os rompus ne s'allongent; entre les bouts rompus, entre les *bouts d'os anciens*, il y a, il y aura toujours l'*os nouveau :* ici, cet os nouveau est le *cal :* le *cal* (c'est-à-dire l'*os nouveau*) est donc l'intermédiaire qui, dans une fracture, unit les bouts d'os rompus; et ces bouts rompus ne seront jamais unis que par cet intermédiaire.

(1) Voyez ci-devant, p. 8.

TROISIÈME PROPOSITION.

**La formation du cal n'est qu'un cas particulier
et ordinaire de la formation de l'os.**

§ I.

Je prie, maintenant, que l'on compare les pièces
que je viens de décrire, pièces qui représentent des
os fracturés, qui représentent le *cal*, avec les pièces
de la Planche I, pièces qui représentent des *côtes*,
sur lesquelles j'ai retranché une portion d'os, et
sur lesquelles j'ai vu cette portion d'os se reproduire.

§ II.

Comparez, par exemple, les pièces 11, 12,
13, etc., de la Planche V avec les pièces 1, 2, 3, etc.,
de la Planche I; et vous aurez deux séries parallèles
de pièces tout-à-fait semblables.

Sur les pièces 11 et 1, nous voyons de même,
entre les bouts d'os *divisés*, le périoste, très épaissi,
très gonflé; sur les pièces 12 et 2, nous voyons, encore de même, dans ce périoste épaissi, gonflé, un
petit noyau osseux; sur les pièces 13 et 3, nous
voyons, dans ce périoste, deux noyaux osseux, etc.

Enfin, si nous comparons la pièce 16 de la Planche V avec la pièce 1 de la Planche II, nous voyons, d'un côté, les deux bouts du *tibia* réunis, nous voyons, de l'autre, les deux bouts de la *côte* réunis; et, des deux côtés, le moyen de réunion est le même, exactement le même, une portion d'os nouvelle, un os nouveau, un *cal*.

§ III.

Vue enfin, et pour la première fois peut-être, sous son vrai jour, la réunion des fractures, la formation du *cal* n'est donc plus quelque chose de particulier, d'exceptionnel, de mystérieux en physiologie.

Le *cal* est de l'os, n'est que de l'os, et de l'os qui se forme où tout os se forme : dans le périoste.

La formation du cal n'est donc qu'un cas particulier du cas général et ordinaire de la formation des os.

CHAPITRE IV.

REPRODUCTION DES OS.

Je reviens à la faculté merveilleuse qu'ont les os de se reproduire; et je prouve, dans ce Chapitre :

Que le périoste reproduit et *rend* toutes les portions d'os qu'on lui ôte;

Je prouve même qu'on peut détruire le périoste, qu'il se reproduit; et qu'une fois reproduit, il reproduit l'os.

PREMIÈRE PROPOSITION.

Le périoste reproduit et rend toutes les portions d'os qu'on lui ôte.

§ I.

Nous avons déjà vu, en ce genre, les faits les plus remarquables.

J'ai retranché, sur plusieurs *côtes*, une portion d'os, en laissant le périoste ; et toutes ces portions d'os ont été reproduites (1). J'ai détruit,

(1) Voyez ci-devant, p. 6.

sur plusieurs *tibias*, la membrane médullaire : le périoste avait été respecté, et toutes les portions détruites de ces *tibias* ont été reproduites (1). J'ai détruit la membrane médullaire d'un *radius* entier, sans toucher à son périoste, et le *radius* tout entier a été reproduit (2).

§ II.

Voici une nouvelle suite de pièces où l'on verra, de même, diverses portions d'os, et des os entiers, reproduits par le périoste.

§ III.

Les pièces 1, 2, 3 et 4 de la Planche III sont des *humérus* de jeunes chiens.

Sur chacun de ces *humérus*, on a retranché la *tête* supérieure de l'os, en laissant le périoste.

On voit, sur tous ces *humérus* (depuis le premier jusqu'au dernier), le périoste, très tuméfié, donner des points osseux, de plus en plus développés, et qui reproduisent de plus en plus la *tête* qui a été retranchée.

Il y a trois points ou noyaux osseux, sur l'*humé-*

(1) Voyez ci-devant, p. 50 et suiv.
(2) Voyez ci-devant, p. 37 et suiv.

rus 1 ; un seul, mais très développé, sur l'*humérus* 2 ; trois, dont un très gros, sur l'*humérus* 3 ; et cinq, trois petits et deux très grands, sur l'*humérus* 4.

Sur ce dernier os, les deux grands noyaux osseux, placés de chaque côté, semblent reproduire jusqu'à la forme même de la *tête* qui a été retranchée.

§ IV.

Les pièces 9, 10, 11, 12 et 13 sont des *radius* de jeunes chïens.

On a retranché ici la *tête* inférieure de l'os, en laissant toujours le périoste ; et cette *tête* inférieure se montre de nouveau de plus en plus complète, depuis le *radius* 9 jusqu'au *radius* 13.

Sur le *radius* 9, on voit le périoste épaissi ; on le voit transformé en cartilage, sur le *radius* 10 ; de plus en plus ossifié, sur le *radius* 11 et sur le *radius* 12, et tout-à-fait ossifié sur le *radius* 13.

§ V.

Sur les pièces 1, 2 et 3 de la Planche IV, le *radius* tout entier avait été retranché, et le périoste laissé tout entier.

Sur la pièce 1, on voit déjà le *radius* qui renaît par un point osseux.

Il est restitué en grande partie sur la pièce 2 ; il est restitué tout entier sur la pièce 3.

Ainsi donc, on peut enlever au périoste une portion d'os, et il rend cette portion d'os ; on peut lui enlever une *tête* d'os, et il rend cette *tête ;* on peut lui enlever un *os entier*, et il rend cet *os entier*.

Le périoste reproduit donc et rend toutes les portions d'os qu'on lui ôte.

SECONDE PROPOSITION.

Le périoste détruit se reproduit ; et, une fois reproduit, il reproduit l'os.

§ I.

Les pièces 5 et 6 de la Planche III sont des *humérus* de jeunes chiens.

Sur ces *humérus*, on a retranché la *tête* supérieure de l'os, avec son périoste ; le bout de l'os s'est incrusté de cartilage ; mais il ne paraît encore aucun noyau osseux.

L'expérience a duré trente-deux jours pour la pièce 5, et quarante pour la pièce 6 (1).

(1) Elle n'avait duré que huit, douze, quatorze et vingt jours pour les *pièces* 1, 2, 3 et 4 de l'article précédent où l'os paraissait déjà, mais où le périoste avait été conservé. On voit combien il importe de conserver le périoste pour la prompte reproduction de l'os.

§ II.

J'examine de nouveau ces deux pièces. Il ne s'est donc point formé de noyaux osseux ; cependant le cartilage qui entoure le bout de l'os a été formé par le périoste qui s'est lui-même reproduit, et qui, une fois reproduit, après avoir donné le cartilage, aurait fini par donner de l'os.

§ III.

La preuve de ce que je dis ici se voit sur les pièces 6, 7, 8 et 9 de la Planche VII.

Les pièces 6 et 7 sont les deux moitiés d'un *humérus* de chien ; et les pièces 8 et 9, les deux moitiés d'un *humérus* de chevreau.

On a retranché, sur chacune de ces pièces, l'os et le périoste ; et néanmoins on voit déjà, sur chacune d'elles, de l'os nouveau, des noyaux osseux.

L'expérience a duré cinquante-quatre jours pour les pièces 6 et 7, et quatre-vingt-dix-sept jours pour les pièces 8 et 9.

Le périoste détruit se reproduit donc ; et, une fois reproduit, il reproduit l'os.

§ IV.

Le périoste est donc la matière, l'organe, l'*étoffe* qui sert à toutes ces reproductions merveilleuses.

Le périoste est l'organe qui produit les os et qui les reproduit : aussi nulle autre partie de l'économie animale ne jouit-elle à un aussi haut degré de la faculté de se reproduire.

Quelques jours suffisent à sa reproduction ; et cette reproduction est inépuisable.

On peut retrancher une portion de périoste, elle se reproduit ; on peut la retrancher encore, et elle se reproduit encore, etc.

§ V.

Et maintenant, après avoir mis dans tout son jour, après avoir démontré par tant d'expériences diverses, la faculté surprenante, et jusqu'à moi si peu connue, qu'ont les os de se reproduire, me sera-t-il défendu d'espérer que cette merveilleuse puissance sera bientôt un ressort nouveau entre les mains de la Chirurgie ?

Oh ! non, sans doute. Je m'adresse aux chirurgiens qui observent, qui pensent, qui ne voient pas, dans la chirurgie, un simple métier de routine, mais une science, une grande science, et qui, au-dessus de cette science même, voient l'humanité.

———

DEUXIÈME PARTIE.

EXPÉRIENCES FAITES AU MOYEN DE LA GARANCE.

CHAPITRE PREMIER.

ACTION DE LA GARANCE SUR LES OS DES OISEAUX.

§ I.

Tout le monde sait que Belchier, chirurgien de Londres, dînant un jour chez un teinturier en *toiles peintes*, s'aperçut que les os d'un morceau de porc frais, *servi sur la table*, étaient rouges. Or, l'animal dont les os offraient cette couleur rouge, avait été nourri avec du son chargé de *l'infusion de garance*, qu'on emploie pour la teinture des *toiles peintes*.

Un fait aussi singulier surprit fort Belchier, et il se mit aussitôt à faire quelques expériences pour le reproduire (1).

---

(1) Antoine Mizaud, médecin de Paris, parle déjà, vers le milieu du XVIᵉ siècle, de l'action de la garance sur les os ; mais il n'en dit que ce peu de mots : *Erythrodanum, vulgo rubia tinctorum dictum, ossa pecudum rubenti et sandycino colore imbuit, si dies aliquot depastæ sint oves, etiam intacta radice, quæ rutila existit...* Memorabilium, sive arcanorum omnis generis, etc., Centuriæ, p. 161, 1572.

Il mêla de la racine de garance en poudre avec les aliments dont il nourrit un coq. Au bout de seize jours, cet animal mourut; et tous ses os se trouvèrent rouges; et les os seuls : les muscles, les membranes, les cartilages, toutes les autres parties conservaient leur couleur ordinaire (1). La garance rougit donc les os, et, ce qui n'est pas moins remarquable, elle ne rougit que les os.

§ II.

Les choses en étaient là, lorsque Duhamel fut instruit de l'expérience de Belchier. Il s'empressa de la répéter sur des poulets, sur des pigeons, sur des cochons; il vit partout la garance rougir les os, ne rougir que les os; et cette action constante, cette action exclusive de la garance sur les os fut désormais un fait acquis à la science.

Dans les animaux qui avaient été soumis à l'action de la garance, dit Duhamel, « ni les plumes, » ni la corne du bec, ni les ongles n'avaient changé » de couleur... La peau de tout le corps avait sa cou» leur naturelle; le cerveau, les nerfs, les muscles, » les tendons, les cartilages, les membranes n'of» fraient rien de contraire à l'état ordinaire de ces

(1) *Philosophical Transactions*, vol. xxxix, 1736.

» parties. Mais les longs tendons osseux qui se pro-
» longent le long du gros os qu'on appelle impro-
» prement la *jambe des oiseaux*, étaient rouges vers
» le milieu de leur longueur, qui en est la partie la
» plus dure. Tous les vrais os les plus déliés étaient
» rouges comme du carmin (1). »

Il ajoute : « Le cœur, le poumon, le médiastin,
» la plèvre, le diaphragme, se sont trouvés de cou-
» leur naturelle. Il n'y avait rien de remarquable au
» foie, aux reins, non plus qu'à l'extérieur du gé-
» sier..... La membrane intérieure du jabot et des
» intestins paraissait d'abord comme injectée ; ce-
» pendant, en l'examinant avec une loupe, je vis
» distinctement que ce n'était pas une liqueur teinte
» qui était contenue dans des vaisseaux, mais que
» c'était simplement une espèce de fécule arrêtée
» dans le velouté de ces membranes (2). »

§ III.

Tels sont les faits vus par Duhamel, et revus depuis par tous les physiologistes (3). La garance
n'agit donc ni sur les viscères, ni sur les muscles,

(1) *Sur une racine qui a la faculté de teindre en rouge les os des animaux vivants.* (*Mém. de l'Acad. des sciences*, p. 5, année 1739.)

(2) *Ibid.*, p. 6.

(3) Haller, Dethleef, J. Hunter, etc.

ni sur les membranes, ni sur les cartilages, ni sur
les tendons, etc.; elle n'agit que sur les os, mais
elle agit sur tous les os; et nul point d'ossification,
quelque délicat, quelque délié qu'il soit, quelque
isolé qu'il soit du reste du système, n'échappe à son
action.

§ IV.

J'ai soumis tout à la fois à mes expériences des
oiseaux et des mammifères. Les expériences sur les
mammifères feront l'objet du Chapitre suivant. Je
ne parle ici que de celles sur les oiseaux.

Dans mes expériences, la garance a été mêlée en
poudre aux aliments ordinaires de l'animal, et c'est
ce mélange de la garance avec les aliments ordinaires que j'appelle *régime de la garance*. J'avertis
aussi que les pigeons dont je me suis servi étaient de
très jeunes pigeons, des pigeons de deux ou trois
semaines au plus.

§ V

La pièce 10 de la Planche VII est le squelette
d'un jeune pigeon qui a été tué vingt-quatre heures
après un seul repas de garance, et cependant tous
les os sont du plus beau rouge.

J'ai fait conserver, sur ce squelette, les cartilages, les ligaments, des portions de périoste. On ne peut se lasser d'admirer cette précision avec laquelle la garance atteint, découvre, décèle toutes les parties osseuses, et respecte toutes les autres. Tous les os sont rouges, et les os seuls : les ligaments, les tendons, les cartilages conservent leur couleur ordinaire. Dans chaque os, tout ce qui est cartilage garde sa couleur ordinaire ; dans chaque cartilage, tout ce qui déjà est os a pris la couleur rouge.

§ VI.

La figure 12 de la Planche VII représente l'os hyoïde, le larynx et la trachée-artère du pigeon dont je viens de parler.

Toutes les parties de l'hyoïde, d'ailleurs si fines et si déliées dans les jeunes pigeons, sont teintes du plus beau rouge. Dans le larynx, la plaque osseuse antérieure, qui répond au cartilage thyroïde des mammifères, est également du plus beau rouge ; enfin, tout ce qu'il y a de points d'ossification dans les anneaux de la trachée-artère, et particulièrement dans les deux derniers, voisins de la bifurcation des bronches, est aussi très rouge.

Et voici quelque chose de plus curieux encore. Je disais tout-à-l'heure, d'après Duhamel, que, les os mis à part, aucune partie ne se colore, ni les vis-

cères (le cœur, les poumons, le foie, les reins, etc.),
ni les muscles, ni les cartilages, ni les tendons, etc.;
et ce que je disais d'après Duhamel, toutes mes
expériences le confirment.

Cependant Duhamel avait cru apercevoir un commencement de coloration dans quelques parties de
l'œil. « Les yeux de ces animaux (des animaux sou-
» mis au régime de la garance) encore vivants
» paraissaient, dit-il, rouges comme ceux de quel-
» ques perroquets. Je crus, ajoute-t-il, après les
» avoir disséqués, qu'il n'y avait de teint que la
» capsule, ou plutôt le chaton qui reçoit le cristal-
» lin (1). »

J'ai vu aussi, dans tous les pigeons soumis au *ré-*
gime de la garance, un cercle rouge autour de l'iris;
et la dissection m'en a bientôt révélé le siége. Ce
cercle qui se colore en rouge, et qui est la seule partie de l'œil qui se colore en rouge (car ni le cristal-
lin, ni la capsule, ni le corps vitré, etc., ne changent jamais de couleur), est ce cercle de petits os
qui, dans l'œil des oiseaux, se trouve entre les deux
lames de la partie antérieure de la cornée. Aussi
les yeux des mammifères, soumis à l'action de la
garance, n'offrent-ils jamais de cercle rouge, parce

(1) *Sur une racine qui a la faculté de teindre en rouge les*
os des animaux vivants. (Mém. de l'Acad. des sciences, année 1739, p. 7.)

qu'en effet il n'y a pas de cercle osseux dans leur cornée.

La pièce 11 montre, sur un œil de pigeon, le cercle osseux de la cornée, devenu rouge par l'action de la garance.

§ VII.

Mais ce qui est bien fait aussi pour frapper l'attention, c'est la rapidité avec laquelle la garance rougit les os.

Belchier avait vu les os d'un coq devenir rouges au bout de seize jours du *régime de la garance*, et cette *promptitude d'action* l'avait étonné. Duhamel ne tarda pas à reconnaître qu'il faut bien moins de temps pour rougir les os. Il obtint des os très rouges en trois jours; il en obtint d'un *rose vif* (1) en trente-six heures, et de *couleur de chair* (2) en vingt-quatre heures.

J'ai obtenu des colorations plus rapides encore. Le pigeon dont les os sont d'un si beau rouge n'a été soumis, comme je l'ai déjà dit, que vingt-quatre heures à l'action de la garance. J'ai vu des os très rouges après douze heures de cette action; et j'en ai

(1) *Sur une racine*, etc. (*Mém. de l'Acad. des sciences*, année 1739, p. 11.)

(2) *Ibid.*, p. 11.

vu d'assez rouges après cinq, et même après quatre et trois heures.

§ VIII.

Je rappelle que ces résultats ont été obtenus sur de très jeunes pigeons. Des pigeons adultes, au contraire, offrent à peine un commencement de coloration après plusieurs jours du *régime de la garance :* toujours l'effet est d'autant plus faible que l'animal est plus vieux. De vieux pigeons, après dix-huit et même vingt jours du *régime de la garance,* ne m'ont offert, dans leurs os, qu'une *trace* à peine sensible de coloration (1).

(1) J'ai fait des expériences sur l'action comparée de la *garance d'Avignon*, de la *garance d'Alsace* et de l'*alizarine*, ce principe colorant de la garance découvert par feu notre célèbre chimiste, M. Robiquet.

La *garance d'Alsace* teint les os d'un rouge plus foncé que celle d'*Avignon*, et même que l'*alizarine* pure. Voyez les squelettes des pigeons soumis à ces deux *garances* et à l'*alizarine* dans la première édition de mes Recherches sur les os (*Recherches sur le développement des os et des dents*, Paris, 1842, Planche I). Je n'ai pas cru devoir reproduire ici ces squelettes, pour ne pas trop multiplier les Planches.

CHAPITRE II.

ACTION DE LA GARANCE SUR LES OS DES MAMMIFÈRES.

—

DÉVELOPPEMENT DES OS EN GROSSEUR.

§ I.

Je n'ai parlé, dans le précédent Chapitre, que de mes expériences sur les oiseaux. J'expose, dans celui-ci, les résultats de mes expériences sur les mammifères.

On a vu, par mes expériences sur les oiseaux, avec quelle rapidité la garance rougit les os. Mes expériences sur les mammifères montrent comment la *coloration*, produite par la garance, rend manifeste la marche même que suit l'os qui se développe.

§ II.

Duhamel crut d'abord que la coloration des os se dissipait, quand on suspendait l'usage de la garance. « L'expérience me confirma, dit-il, que le » changement de nourriture (la cessation de l'u-

6

» sage de la garance) fait évanouir la couleur des
» os (1). »

Il soupçonna bientôt que « les couches rouges
» pouvaient bien être restées, et que si on ne les
» apercevait plus à la superficie des os, c'était
» parce qu'elles étaient recouvertes par des couches
» osseuses blanches qui s'étaient formées depuis la
» cessation de l'usage de la garance (2) : » soupçon
qui fut pour lui un trait de lumière, et auquel il dut
un des faits les plus importants de tout son travail.

§ III.

Voici comment il rend compte lui-même de ce
beau fait.

« Trois cochons, dit-il, furent destinés à éclaircir
» mes doutes.

» Le premier, qui était âgé de six semaines, fut
» nourri pendant un mois avec la nourriture ordi-
» naire, dans laquelle on mettait tous les jours une
» once de garance ; au bout du mois, on supprima
» la garance, et l'ayant nourri à l'ordinaire pen-
» dant six semaines, on le tua.

(1) *Sur une racine*, etc. (*Mém. de l'Acad. des sciences*, année 1739, p. 5.)

(2) *IIIe Mémoire sur les os.* (*Mém. de l'Acad. des sciences*,
année 1742, p. 365.)

» Je sciai transversalement les os de ses cuisses
» et de ses jambes, et j'eus le plaisir de m'assurer
» que j'avais bien prévu ce qui devait arriver. La
» moelle était environnée par une couche d'os
» blanc (1) assez épaisse ; c'était la portion d'os qui
» s'était formée pendant les six semaines que ce
» cochon avait vécu d'abord sans garance.

» Ce cercle d'os blanc était environné par une
» zone aussi épaisse d'os rouge ; c'était la portion
» d'os qui s'était formée pendant l'usage de la garance.

» Enfin, cette zone rouge était recouverte par
» une couche assez épaisse d'os blanc; c'était la
» couche d'os qui s'était formée depuis qu'on avait
» retranché la garance à cet animal.

» Le second animal était âgé de deux mois quand
» on le mit à l'usage de la garance ; on lui en donna
» pendant un mois ; puis on le remit aux aliments
» ordinaires ; enfin, on lui donna encore pendant
» un mois de la garance, et on le tua.

» Les os de la jambe de cet animal avaient al--
» ternativement deux couches blanches et deux
» couches rouges, parce qu'on l'avait remis deux
» fois à l'usage de la garance.

(1) *Cette couche d'os* n'était pas absolument *blanche*, comme
on le verra plus loin. Duhamel ne parle que de ce qui paraît à
l'œil nu.

» A l'égard du troisième, il a été traité comme
» celui dont je viens de parler, excepté qu'on a fini
» par le remettre à l'usage de la nourriture ordi-
» naire pendant plusieurs mois, ce qui fait que ses
» os sont recouverts par une couche blanche, et qu'il
» faut les scier pour découvrir les deux couches
» rouges (1). »

§ IV.

La coloration produite par la garance ne s'é-
vanouit donc pas, comme l'avait cru d'abord Duhamel ; elle reste : seulement, les *couches colorées*
sont bientôt recouvertes par des *couches blanches*,
quand on rend l'animal à la nourriture ordinaire.

En un mot, la coloration de l'os répond au régime de l'animal ; et, par conséquent, les couches
externes, les couches qui sont sur les autres, sont
toujours les plus nouvelles, puisque les couches
externes, les couches qui sont sur les autres, répondent toujours au dernier *régime.*

L'os de l'animal qu'on nourrit de garance nous
offre, à l'extérieur, un *cercle* rouge ; l'os de l'animal
qui, après avoir été nourri de garance, est rendu à
la nourriture ordinaire, nous offre ce *cercle* rouge,

(1) *IIIe Mémoire sur les os.* (*Mém. de l'Acad. des sciences,*
année 1742, p. 365.)

recouvert par un *cercle* blanc. C'est donc, comme nous l'avons déjà vu, et si complétement vu (1), par couches qui se superposent, par couches qui se forment les unes sur les autres, par couches *superposées*, que les os croissent en grosseur.

§ V.

La pièce 15 de la Planche VII est une portion du *fémur* d'un jeune porc de quatre à cinq semaines, qui a été soumis au *régime de la garance* pendant un mois. Ici, toute la substance de l'os est rouge.

La pièce 16 est une portion du *fémur* d'un porc, un peu plus âgé que le précédent, et qui, de même, a été soumis au *régime de la garance* pendant un mois.

On voit ici deux cercles très distincts : un intérieur, qui est *blanc* (2), et un extérieur qui est *rouge*.

Suivons, maintenant, ce *cercle rouge*.

Sur la pièce 16 dont je viens de parler, il est *extérieur* ; c'est que l'animal a été tué pendant le *régime de la garance*.

Sur la pièce 17, il est *entre* deux cercles blancs ; c'est que l'animal, après un mois du *régime de la*

---

(1) Dans toute la première Partie de cet ouvrage.

(2) Ou qui, du moins, le paraît à l'*œil nu*. (Je reviendrai plus loin sur ce point.)

garance, a été rendu au *régime ordinaire* pendant un mois.

Sur la pièce 18, le *cercle rouge* touche presque au canal médullaire, et le *cercle blanc*, qu'il recouvrait, a presque entièrement disparu; c'est que l'animal, après un mois du *régime de la garance*, a été rendu au *régime ordinaire* pendant deux mois.

Enfin, sur la pièce 19, le *cercle rouge* est tout-à-fait dans le canal médullaire, il n'est même plus entier, il a déjà disparu en partie; c'est que l'animal, après un mois du *régime de la garance*, a été rendu au *régime ordinaire* pendant quatre mois.

§ VI.

Ainsi donc, le cercle rouge est d'abord *extérieur;* puis il est placé entre deux cercles blancs; puis il s'approche de plus en plus du canal médullaire; puis il devient tout-à-fait *intérieur*, il est dans le canal médullaire, et le cercle blanc qu'il recouvrait a disparu; puis il disparaît à son tour.

A mesure donc que l'os se recouvre de nouvelles couches par sa face externe, par celle qui répond au périoste, il en perd d'autres par sa face interne, par celle qui répond à la membrane médullaire : double travail de *sur-addition externe* et de *résorption interne*, dans lequel consiste, comme nous l'avons vu (1), tout le mécanisme de l'accroissement des os en grosseur.

§ VII.

La pièce 20 nous offre quatre cercles : deux *blancs* et deux *rouges*.

Un premier cercle *blanc*, déjà en partie résorbé, touche au canal médullaire ; puis, sur ce cercle *blanc* est un cercle *rouge ;* puis sur ce cercle *rouge*, un second cercle *blanc ;* et puis, sur ce cercle *blanc*, un second cercle *rouge*.

L'animal avait deux mois quand il a été soumis à l'expérience, c'est-à-dire à un premier *régime de garance* qui a duré un mois.

Après un mois de *régime de garance*, il a été rendu au *régime ordinaire* pendant un mois, et puis, il a été remis au *régime de la garance* pendant un mois encore.

C'est pendant ce dernier *régime* qu'il a été tué.

La superposition des *cercles* marque la succession des *régimes :* le premier *cercle blanc* répond au premier *régime ordinaire ;* le premier *cercle rouge* au premier *régime de la garance ;* le second *cercle blanc* au second *régime ordinaire ;* et le second *cercle rouge* au second et dernier *régime de la garance*.

(1) Dans la première Partie de cet ouvrage.

§ VIII.

La pièce 21 nous offre quatre cercles encore, mais dont le dernier est *blanc*, parce que l'expérience a fini par le *régime ordinaire*.

Le premier cercle, celui qui touche au canal médullaire (1), est *rouge* : sur ce cercle *rouge* est un cercle *blanc*; sur ce cercle *blanc*, un cercle *rouge* ; et sur ce cercle *rouge*, un cercle *blanc*.

L'animal avait deux mois quand il a été soumis à un premier *régime de garance* qui a duré un mois : après ce *régime*, il a été rendu à la *nourriture ordinaire* pendant un mois; puis il a été remis au *régime de la garance* pendant un mois; et puis il a été remis au *régime ordinaire* pendant deux mois.

C'est pendant ce dernier *régime* qu'il a été tué.

§ IX.

La pièce 16 est, comme on l'a déjà vu, une portion du *fémur* d'un jeune porc, qui a été soumis au *régime de la garance* pendant un mois.

Il n'y a eu qu'un seul *régime de garance;* et cependant, outre le cercle rouge *extérieur*, on voit un

_____

(1) Le cercle *blanc*, qui existait avant ce cercle *rouge*, a été presque entièrement résorbé.

autre cercle rouge tout-à fait *intérieur*, placé tout-à-fait dans le canal médullaire.

Ce *cercle intérieur* nous marque l'os qui se forme par la *membrane médullaire* (1). Il a donc une importance propre ; car il peut nous donner la marche de l'*os intérieur*, du *tissu spongieux* de l'os, comme le *cercle extérieur* nous a donné la marche de l'os proprement dit, de l'*os externe*.

Mais je l'ai trop peu suivi encore, et je me borne à l'indiquer ici.

§ X.

La pièce 13 est la partie moyenne du *fémur* gauche d'un jeune porc. L'os a été scié en long.

L'animal n'avait été soumis qu'à un seul *régime de garance ;* et, néanmoins, on voit, ici encore, une portion de l'*os intérieur*, une portion du *tissu spongieux* de l'os, qui est *rouge*.

(1) Sur la formation de l'os par la *membrane médullaire*, voyez ci-devant, p. 44 et suiv.

CHAPITRE III.

ACTION DE LA GARANCE SUR LES OS DES MAMMIFÈRES.

—

DÉVELOPPEMENT DES OS EN LONGUEUR.

§ I.

Je me suis servi, dans le précédent Chapitre, de l'action de la garance pour suivre la marche de l'accroissement des os en grosseur. C'est ce que Duhamel, c'est ce que J. Hunter, avaient déjà fait avant moi, du moins en partie. Mais ni Duhamel, ni J. Hunter n'avaient songé à profiter de l'action de la garance pour démêler et pour suivre la marche de l'accroissement des os en longueur.

Et cependant l'action de la garance ne donne pas moins l'accroissement des os en longueur que leur accroissement en grosseur.

§ II.

La pièce 14 de la Planche VII est l'*humérus* (scié en long) d'un jeune porc.

L'animal a d'abord été soumis au *régime de la*

garance pendant un mois ; il a été ensuite rendu à la nourriture ordinaire pendant quatre mois ; enfin , il a été soumis , de nouveau , au *régime de la garance* pendant un mois , et il a été tué.

L'*humérus*, scié en long , offre , selon toute sa longueur, trois lignes ou couches parfaitement distinctes : une interne, rouge (**1**) ; une intermédiaire, blanche ; et une externe , rouge.

Les deux couches rouges répondent aux deux *régimes de la garance*, et la blanche répond au régime ordinaire.

Et si j'examine les deux extrémités de l'os, tant la supérieure que l'inférieure , j'y vois deux portions de tissu spongieux, juxta-posées et parfaitement distinctes l'une de l'autre par leur couleur.

La première de ces portions , celle qui touche au canal médullaire, est blanche ; et la seconde, celle qui termine l'os, est rouge.

Or, de ces deux portions, l'interne ou la plus ancienne , puisqu'elle répond aux quatre mois du régime ordinaire , est blanche ; et la terminale ou la plus nouvelle, puisqu'elle répond au dernier *régime de la garance*, est rouge. Donc les os croissent en longueur par portions ou couches qui se *juxta-*

(**1**) Déjà résorbée en partie. La *couche blanche*, qui existait avant cette *couche rouge*, a été totalement résorbée.

posent, comme ils croissent en grosseur par lames ou couches qui se *superposent.*

§ III.

Les pièces 22 et 23 sont les deux moitiés du *tibia* gauche d'un jeune porc qui, après un mois du *régime de la garance*, a été rendu à la nourriture ordinaire pendant deux mois. L'os a été scié en long ; et l'on y voit, selon toute sa longueur, deux lignes ou couches, l'une interne, très mince et rouge, l'autre externe, plus épaisse et blanche (1).

La couche interne et rouge, presque entièrement résorbée sur quelques points, est celle qui s'était formée pendant le *régime de la garance ;* la couche externe et blanche, beaucoup plus épaisse, est toute la portion d'os qui s'est formée pendant les deux mois de la nourriture ordinaire. Voilà pour l'accroissement de l'os en grosseur.

Pour juger tout aussi sûrement de l'accroissement en longueur, il suffit de remarquer que la couche rouge ne règne que sur le corps de l'os, et que tout ce qui est extrémité est blanc.

Or, ce qui est extrémité, ce qui est blanc, est

---

(1) Pour ménager l'espace, on n'a représenté qu'une partie de ce *tibia ;* on n'a représenté, de même, qu'une partie de l'*humérus* (pièce 14) dont je viens de parler.

ce qui s'est fait depuis que le *régime de la garance* a cessé : ce qui est blanc est ce qui s'est fait après ce qui est rouge , puisque le *régime de la garance* avait précédé la nourriture ordinaire ; c'est donc par leurs extrémités, et par leurs extrémités seules, que les os croissent en longueur.

L'action de la garance donne donc l'accroissement des os en longueur, comme elle donne leur accroissement en grosseur.

CHAPITRE IV.

EXAMEN DE L'ACTION DE LA GARANCE SUR LES OS.

§ I.

Je ne considère ici l'*action de la garance* que comme un moyen de démêler et de suivre la marche du *développement* des os.

§ II.

Si l'on donne de la *garance* à un jeune pigeon, au bout de très peu de temps, au bout de très peu d'heures, toute la *substance*, toute l'*épaisseur* des os est rouge (1).

Il en est de même si l'on donne de la *garance* à un très jeune mammifère : au bout de quelque temps, au bout de quelques jours, toute l'*épaisseur*, toute la *substance* des os est rouge (2).

(1) Voyez la pièce 10 *bis* de la Planche VII.
(2) Voyez la pièce 15 de la Planche VII.

§ III.

Evidemment, si les choses se passaient toujours ainsi, on ne pourrait tirer aucun parti de la *garance*, pour démêler et pour suivre la marche du *développement* des os.

Mais, comme on vient de le voir (1), les choses ne se passent pas toujours ainsi.

§ IV.

Quand on donne de la *garance* à un mammifère (2) qui, quoique très jeune encore, a déjà pourtant quelques mois, à un jeune cochon de deux à trois mois, par exemple, bientôt les os s'entourent d'un *cercle rouge*.

Un pareil os offre, comme nous avons vu (3), deux cercles : un intérieur *blanc* et un extérieur *rouge*.

Le cercle *blanc* est l'os ancien, l'os formé depuis un certain temps déjà, quand a commencé le *régime de la garance*, et le cercle *rouge* est l'os nou-

(1) Chapitre II de cette seconde Partie.
(2) Je dis *mammifère :* j'ai toujours trouvé toute la substance de l'os également colorée dans les jeunes oiseaux.
(3) Ci-devant, p. 85.

veau, c'est-à-dire, 1° tout l'os nouvellement formé au moment où a commencé le *régime de la garance*, et 2° tout l'os qui s'est formé depuis (1).

§ V.

Sans doute, l'os du *cercle blanc* n'est pas absolument blanc. Si l'on soumet au microscope cet os qui paraît *blanc* à l'œil nu, on le trouve *coloré* (2); mais, enfin, il est beaucoup moins *coloré* que l'os du *cercle rouge;* il l'est tellement moins, qu'il paraît *blanc* à l'œil nu ; et cette *inégalité de coloration* suffit pour distinguer les couches des os les unes des autres, pour distinguer l'os ancien de l'os nouveau, pour démêler et pour suivre la marche du *développement* des os.

(1) Quand on donne de la garance à un animal, si tout l'os est *nouvellement formé*, tout l'os se colore, comme je viens de le dire (p. 94); mais si l'os a déjà des *couches anciennes* et des *couches nouvelles*, les *couches nouvelles* seules se colorent assez pour paraître *rouges* à l'œil nu.

(2) D'habiles observateurs ont déjà commencé l'étude microscopique de l'action de la garance sur les os. Je me suis moi-même beaucoup occupé de cette étude, et je publierai bientôt (dans un travail particulier sur la structure intime de l'*os*, du *cartilage* et du *périoste*) les résultats qu'elle m'a donnés.

§ VI.

Lorsque je publiai, de 1840 à 1842, la première ébauche de ma théorie sur la *formation des os*, je ne m'appuyais encore que sur des expériences faites au moyen de la *garance*.

J'avais pourtant conclu de ces expériences :

Que l'os se forme dans le périoste (1) ;

Qu'il croît en grosseur par couches superposées (2) ;

Qu'il croît en longueur par couches juxtaposées (3) ;

Que le canal médullaire s'agrandit par la résorption des couches internes de l'os (4) ;

Que les têtes des os sont successivement formées

(1) « Il y a dans les os un appareil de formation, et cet appa-
» reil est le périoste… » *Recherches sur le développement des os*, etc., p. 42.

(2) « La véritable marche de l'accroissement des os consiste
» dans la formation de couches successives et superposées. »
Ibid., p. 15.

(3) « C'est par couches externes et juxtaposées que les os
» croissent en longueur. » *Ibid.*, p. 23.

(4) « Du côté de la face interne de l'os sont résorbées sans
» cesse des couches anciennes, résorption qui fait l'accroisse-
» ment du canal médullaire. » *Ibid.*, p. 28.

7

et résorbées, pour être reformées encore, tant que l'os croît (1);

Et que l'os se renouvelle sans cesse pendant qu'il se développe (2).

§ VII.

Et je conclus de mes nouvelles expériences, expériences d'un tout autre genre que celles faites avec la *garance*, expériences d'une sûreté, d'une précision *mécaniques*, expériences qui ne laissent prise ni à l'objection ni au doute :

Que l'os se forme dans le périoste;

Qu'il croît en grosseur par couches superposées;

Qu'il croît en longueur par couches juxtaposées;

Que le canal médullaire s'agrandit par la résorption des couches internes de l'os;

Que les têtes des os sont successivement formées et résorbées, pour être reformées encore, tant que l'os croît;

Et que la *rénovation*, la *mutation continuelle* de la matière est le grand ressort, jusqu'à moi demeuré inconnu, du *développement* des os.

(1) « Les extrémités de l'os, ce qu'on appelle ses *têtes*. » changent complétement pendant qu'il s'accroît. » *Ibid.*, p. 27.

(2) « Le mécanisme du développement des os consiste dans » une *mutation continuelle* de toutes les parties qui les com- » posent. » *Ibid.*, p. 25.

TROISIÈME PARTIE.

DISCUSSION DES THÉORIES REÇUES SUR LA FORMATION DES OS.

CHAPITRE PREMIER.

THÉORIE DE L'INTERPOSITION DU SUC NOURRICIER.

§ I.

La théorie de l'accroissement des os par l'*inter-position du suc nourricier*, est très probablement, de toutes, la plus ancienne.

Suivant cette théorie, le *suc nourricier*, le *suc osseux*, en *s'interposant* entre les parties déjà formées, les écarte les unes des autres, et cet écartement produit l'*extension*, l'accroissement de l'os dans toutes ses dimensions.

Illæ particulæ, dit Clopton Havers, *quæ inter extremitates eorum* (c'est-à-dire des os) *adactæ sunt, dilatant interstitia, ibique hærentes, singulas ossearum particularum series, et consequenter os universum, in longum producunt...* (**1**).

(**1**) *Osteologia nova*, etc., Francfort, 1692, p. 171.

§ II.

On a, de bonne heure, confondu l'idée de la *nutrition* avec celle de l'*accroissement* des parties.

Or, l'idée de l'*interposition des molécules* qui semble se lier si bien avec l'idée de la *nutrition*, laquelle se fait sans doute dans chaque molécule, car chaque molécule vit et par conséquent se nourrit ; cette idée, dis-je, n'est plus en rapport avec les faits, dès qu'il s'agit, non de *nutrition*, mais d'*accroissement*.

§ III.

Toutes mes expériences prouvent que l'os ne croît pas par des molécules *interposées*, mais par des molécules qui se *superposent*, qui se *juxtaposent*, par molécules *superposées* et *juxtaposées*.

Laissons donc, présentement, de côté le *mécanisme* de la *nutrition*, que je n'étudie point ici, et voyons celui de l'*accroissement*, que mes expériences nous font connaître.

§ IV.

Mes expériences montrent que, à proprement

parler, l'os ne *croît pas*, car il ne *reste pas*. L'os formé disparaît; et ce qui nous donne l'apparence de l'accroissement d'un os est une suite d'os qui se forment, et qui, en se formant l'un pardessus l'autre, se forment toujours de plus en plus *gros*, de plus en plus *longs* l'un que l'autre.

CHAPITRE II.

THÉORIE DE L'EXTENSION COMBINÉE AVEC CELLE DE LA
SUPERPOSITION DES COUCHES.

§ I.

Avant Duhamel, une seule opinion régnait : celle de l'accroissement de l'os par l'*interposition des sucs.*

Duhamel est le premier qui ait vu l'accroissement par la *superposition des couches.* Il est même le premier qui ait nettement combattu l'*interposition des sucs.* « Les os sont composés, dit-il, de lames » très minces qui s'enveloppent les unes les autres ; » ..... donc les os ne croissent pas uniquement par » l'interposition du *suc osseux,* qui écarte les par- » ties de l'os précédemment formé : une telle mé- » canique produirait une masse, et non pas des » lames (1). »

Mais, tout en posant l'idée nouvelle de la *super- position des couches,* Duhamel n'en conserve pas moins l'idée ancienne de l'*extension* des os, de l'*in-*

(1) *IVe Mémoire sur les os. (Mém. de l'Acad. des sciences ,* année 1743, p. 93.)

terposition des sucs; il combine les deux méca-
nismes, et mêle les deux idées.

« J'adopte de plus ce que Havers dit de l'interpo-
» sition du suc osseux qui écarte les molécules déjà
» ossifiées..... (1). »

§ II.

L'erreur de Duhamel vient d'une des plus belles
expériences qu'il ait faites, mais qu'il a mal com-
prise.

« J'entourai, dit-il, l'os d'un pigeonneau vivant
» avec un anneau de fil d'argent qui était placé sous
» les tendons et *sur* le périoste (2) ; je laissai là cet an-
» neau pour reconnaître ce qui arriverait aux couches
» osseuses déjà formées, supposé qu'elles vinssent
» à s'étendre, car je pensais que mon anneau était
» plus fort qu'il ne fallait pour résister à l'effort que
» ces lames osseuses feraient pour s'étendre ; il ré-
» sista en effet, et les couches osseuses, qui n'é-

(1) *IVe Mémoire sur les os.* (*Mém. de l'Acad. des sciencés,*
année 1743, p. 103.)

(2) Duhamel dit *sur,* et peut-être est-ce une simple erreur
d'impression. Quoi qu'il en soit, il est beaucoup mieux de placer
l'anneau *sous* le périoste (*Voyez* ci-devant, p. 13). D'ailleurs,
Duhamel ne paraît avoir fait cette belle expérience qu'une seule
fois.

» taient pas encore fort dures, ne pouvant s'étendre
» vis-à-vis l'anneau, se coupèrent. Ce qui prouve
» bien l'extension des couches osseuses, c'est
» qu'ayant disséqué la partie, je trouvai que le dia-
» mètre de l'anneau n'était pas plus grand que celui
» du canal médullaire (1). »

§ III.

Mais pourquoi Duhamel conclut-il que les
couches de l'os se coupèrent? Duhamel ne les a pas
vues se couper. Jamais dans mes nombreuses expériences, *elles ne se sont coupées;* Duhamel ne suppose, ne conclut, n'imagine qu'*elles se coupèrent*
que parce qu'il veut expliquer l'agrandissement du
canal médullaire, et qu'il ne sait l'expliquer que par
l'*extension.*

« Sitôt, dit-il, qu'on sait que le canal médul-
» laire augmente de diamètre, on peut en conclure
» que les lames osseuses s'étendent (2). » Il dit encore : « La super-addition des lames osseuses ne
» peut pas servir à rendre raison de l'augmentation
» du diamètre du canal médullaire. Il faut donc que

(1) *IVe Mémoire sur les os.* (*Mém. de l'Acad. des sciences,*
année 1743, p. 102.)

(2) *IVe Mémoire sur les os.* (*Mém. de l'Acad. des sciences,*
année 1743, p. 102.)

» ces deux causes (l'*extension* et la *superposition*
» des lames osseuses) concourent pour expliquer
» l'augmentation de grosseur des os (1). »

§ IV.

Pour expliquer l'agrandissement du canal médullaire, Duhamel conserve donc la prétendue *extension des lames osseuses ;* mais il ne conserve cette
cause supposée que parce qu'il ne voit pas la *cause
réelle*, c'est-à-dire la *résorption.*

Encore une fois (et les expériences dans lesquelles
j'ai substitué une *lame de platine* (2) à l'*anneau de
fil d'argent* l'ont assez fait voir), dans l'expérience
de Duhamel, il n'y a eu ni *extension*, ni *rupture*
des lames osseuses. Toute la portion d'os, entourée
d'abord par l'anneau, a disparu ; toute celle qui l'a
entouré plus tard s'est formée depuis. Il s'est fait
un os nouveau à la place de l'os ancien, ou plus
exactement par-dessus l'os l'ancien.

(1) *IVᵉ Mémoire sur les os.* (*Mém. de l'Acad. des sciences* ,
année 1743, p. 102.
(2) Voyez ci-devant, p. 23 et suiv.

CHAPITRE III.

OBJECTIONS DE HALLER CONTRE L'OPINION DE DUHAMEL,
TOUCHANT LA FORMATION DE L'OS DANS LE PÉRIOSTE.

§ I.

A peine Duhamel eut-il publié son opinion sur la formation de l'os dans le périoste, que Haller se hâta de la combattre.

Haller a renouvelé la face de la physiologie, et l'on ne peut parler d'un aussi grand homme qu'avec un respect extrême. Et néanmoins il doit être permis de dire qu'on voit trop, dans le travail de Haller sur les os, le parti pris d'avance de combattre l'opinion de Duhamel (1).

§ II.

D'abord, la plupart des objections de Haller ne portent pas plus contre l'opinion de Duhamel,

(1) *Si opinionem præclari hujus physiologi*, dit Alexandre Macdonald, *de ossium formatione animo contemplemur, non possumus non existimare illum præjudicatam opinionem, contra sententiam Hamelii, accepisse, ideoque experimenta ad opinionem, potiusquam opinionem ad experimenta animo accommodasse.* (*Disput. inaug. de necrosi ac callo*, p. 38.)

qu'elles ne porteraient contre toute autre opinion quelconque.

Par exemple, après avoir dit que « l'état pri- » mordial de l'os est celui d'une glu (1), » et que la formation des os est due « à la coagulation et à » l'endurcissement d'un suc (2), » Haller fait à Duhamel cette objection :

« Je ne comprends pas, lui dit-il, que la dure- » mère ait pu former un os aussi composé que l'est » l'os pierreux, ni que la membrane tendre et dé- » licate de la coquille ou des canaux demi-circu- » laires ait pu servir de moule à l'os pierreux ou lui » imprimer ses spirales et ses contours (3). »

Duhamel aurait pu lui demander s'il comprenait mieux, lui Haller, comment ces *canaux*, ces *contours*, ces *spirales* avaient pu se former par l'endurcissement d'une *glu*, ou par la coagulation d'un *suc*.

§ III.

D'autres objections de Haller ne sont pas assez réfléchies.

« Les couches osseuses, dit-il, qui se forment

(1) *Mémoires sur les os*, réunis par Fougeroux. Paris, 1760, p. 181.

(2) *Ibid.*, p. 148.

(3) *Ibid.*, p. 149.

» dans un animal nourri de garance sont rouges , et
» le périoste reste blanc; donc les couches osseuses
» ne sont point formées par le périoste (1). »

Fougeroux lui répond très bien : « En faisant un
» raisonnement tout pareil, je dirai : La grande
» apophyse du sternum des oiseaux ne prend aucune
» teinte de rouge tant qu'elle est cartilagineuse,
» quoique ces animaux usent dans leurs aliments
» de beaucoup de garance ; l'apophyse du sternum
» des oiseaux, lorsqu'elle est convertie en os, prend
« très bien, au contraire, la teinture de la ga-
» rance ; donc l'apophyse du sternum des oiseaux
» n'est pas formée par le cartilage qui en occupait la
» place (2). »

En effet, le cartilage ne rougit pas plus (3) que le
périoste sous l'action de la garance; et si l'argu-
ment avait quelque force contre le périoste, il n'en
aurait pas moins contre le cartilage. Or, le cartilage devient os; Haller n'en doutait pas. La *non-co-
loration* ne prouve donc pas plus contre le périoste
qu'elle ne prouve contre le cartilage.

(1) *Mémoires sur les os*, réunis par Fougeroux, p. 24 et
p. 151.
(2) *Ibid.*, p. 24.
(3) Voyez ci-devant, p. 74.

§ IV.

Haller dit encore que « le périoste n'a aucune
» part à la réunion des os ; qu'il ne fait pas partie
» du cal... ; qu'il n'est pas attaché au cal (1). »

On voit, par les pièces 12, 13 et 15 de la
Planche V, combien Haller se trompe. Le périoste
tient partout au *cal*, ou plutôt le *cal* n'est que le
périoste même, le *périoste endurci*, selon l'expression
de Duhamel (2), le périoste *devenu os*.

Dès qu'un os est rompu, le périoste se porte entre
les bouts fracturés ; et là, se tuméfiant de plus en
plus, il devient bientôt cartilage ; et bientôt ce cartilage devient le *cal* (3).

Mes expériences sur les *côtes* ne sont que des
fractures avec *perte de substance*, comme je l'ai déjà
dit ; et ces expériences nous montrent, avec l'évidence la plus complète, le périoste qui devient cartilage, et le cartilage qui devient os, une portion
d'os, c'est-à-dire le *cal* (4).

(1) *Mémoires sur les os*, réunis par Fougeroux, p. 174.
(2) Voyez ci-devant, p. 3.
(3) Voyez ci-devant, p. 59.
(4) Voyez ci-devant, p. 7.

§ V.

Haller arrive, enfin, à cette objection, qui a dû paraître bien forte, car, après lui, je ne vois plus un seul physiologiste qui ne la répète.

« Le périoste, dit-il, est si peu la matière de » l'os, qu'une grande partie des os naît sans en » avoir. Je parle des noyaux osseux qui naissent au » milieu du cartilage, qui n'ont aucun périoste vi- » sible, et qui sont isolés de tous côtés, à l'égard » du périoste du reste de l'os (1). »

Bordenave, qui semble s'être donné la tâche de reproduire contre Duhamel toutes les objections de Haller, s'est bien gardé d'omettre celle-ci.

« Les extrémités des os longs commencent, dit-il, » par être cartilages avant que d'être os, et ne doi- » vent point leur naissance au périoste (2). »

« On attribue sans preuve, dit Béclard, au pé- » rioste, l'usage de former les os, car on voit l'os- » sification des os courts commencer au centre du » cartilage, et loin du périoste par conséquent (3). »

(1) *Mémoires sur les os*, réunis par Fougeroux. p. 178.
(2) *Ibid.*, p. 208.
(3) *Éléments d'anatomie générale*, p. 448.

§ VI.

Ainsi donc, l'*os naît dans le cartilage* ; et , puisqu'il naît dans le cartilage, il ne vient pas du périoste ; et par conséquent Duhamel se trompe.

§ VII.

Mais, point du tout : Haller, Bordenave et Béclard ne voient que la moitié du fait ; Duhamel seul voit le fait entier.

« J'ai fait voir, dit-il , que les lames du périoste ,
» qui étaient d'abord membraneuses, devenaient
» ensuite cartilagineuses, et qu'elles acquéraient
» enfin la dureté des os (1). »

Il dit encore : « Ce qui doit devenir os dans l'ani-
» mal est cartilagineux (2). »

Il dit enfin : « C'est le périoste qui, après avoir
» rempli les plaies des os, ou s'être épaissi autour
» de leurs fractures , prend ensuite la consistance
» de cartilage, et acquiert enfin la dureté des
» os (3). »

(1) *III^c Mémoire sur les os.* (*Mém. de l'Acad. des sciences,* année 1742, p. 355.)

(2) *Ibid.,* p. 368.

(3) *Ier Mémoire sur les os.* (*Mém. de l'Acad. des sciences,* année 1741, p. 107.)

Duhamel a donc vu aussi que l'*os naît dans le cartilage;* il l'a vu avant Haller, avant Bordenave, avant Béclard; et, ce qu'ils n'ont pas vu, il a vu que le *cartilage naît dans le périoste.*

CHAPITRE IV.

THÉORIE DU SUC GÉLATINEUX DE HALLER,
OU, PLUS GÉNÉRALEMENT, THÉORIE DE L'ÉPANCHEMENT.

§ I.

Selon Haller, « le cal de l'os est formé par un suc
» gélatineux qui suinte des extrémités fracturées de
» l'os, surtout de la moelle, et qui s'épanche tout
» autour (1). » — « Ce suc, continue-t-il, s'épaissit,
» devient une gelée tremblante, passe par d'au-
» tres degrés de consistance, et devient, à la fin,
» cartilagineux (2). »

§ II.

« Dans la réunion d'une fracture, dit Béclard,
» il y a successivement agglutination des fragments
» par un *liquide organisable* dont le sang fournit
» les matériaux ; ossification d'une substance sem-
» blable infiltrée tout autour de la fracture, tant à

(1) *Mémoires sur les os*, réunis par Fougeroux, p. 174.
(2) *Ibid.*, p. 174.

8

» l'intérieur qu'à l'extérieur ; enfin réunion vasculaire
» et osseuse entre les fragments eux-mêmes (1). »

§ III.

Le *liquide organisable* de Béclard n'est, sous un autre nom, que le *suc gélatineux* de Haller ; la *substance intermédiaire* de Breschet (2) n'est, sous un autre nom, que le *liquide organisable* de Béclard, que la *matière gélatineuse* de Troja (**3**) et de Macdonald (**4**) ; et tout cela n'est, sous tous ces différents noms, que le périoste lui-même, gorgé, tuméfié, et, dans cet état nouveau, méconnu par les observateurs (5).

(1) *Anatomie générale*, p. 521.

(2) *Quelques recherches historiques et expérimentales sur le cal*, par MM. Breschet et Villermé, p. 15.

(3) *De novorum ossium, ... regeneratione experimenta*, p. 49.

(4) *Diss. inaug. de necrosi ac callo*, p. 55.

(5) Voyez ci-devant, p. 62. Il y a plus : MM. Breschet et Villermé définissent le *périoste tuméfié* en définissant la substance qu'ils nomment *substance intermédiaire :* « Une substance d'un » rouge assez vif, mollasse, demi-transparente... » (*livre cité*, p. 15); Troja et Macdonald voient la continuité, l'union de leur *matière gélatineuse* avec le *périoste : Periosteum gelatina comitabatur...*, dit Troja (*livre cité*, p. 49) ; *Materia ipsa gelatinosa renato periosteo adeo adhærebat...*, dit Macdonald (*livre cité*, p. 55), etc., etc.

§ IV.

Dans les expériences faites à la manière de Troja, on ne touche, comme on a vu (1), ni au périoste, ni aux parties voisines, ni par conséquent aux vaisseaux de ce périoste et de ces parties : on ne touche pas même à l'os, du moins à la face de l'os qui répond au périoste. On ne produit donc aucune rupture, aucune lésion, aucun épanchement quelconque entre le périoste et l'os ; et cependant il se forme de l'os nouveau, tout un os nouveau.

§ V.

Les pièces 7 et 9 de la Planche VI sont deux *tibias* de deux lapins, opérés à la manière de Troja, c'est-à-dire que l'os a été scié en travers, et qu'ensuite on a détruit, au moyen d'un stylet, la membrane du canal médullaire.

L'animal a survécu soixante-douze heures à l'opération, pour la pièce 7 ; et quatre-vingt-seize pour la pièce 9.

Sur ces deux pièces, le périoste a été fendu longitudinalement, et détaché ensuite de l'os par la dissection.

(1) Ci-devant, p. 36 et suiv.

Or, sur la face externe et vers le bout inférieur de l'os, mis à nu, paraît, sur chaque pièce, une petite couche blanche de consistance cartilagineuse ; cette couche cartilagineuse, déjà ossifiée sur quelques points, est le commencement du *tibia* nouveau.

Mais ce qu'il importe de bien remarquer ici, c'est d'abord que cette couche cartilagineuse, germe d'un os nouveau, tient au périoste, est le périoste même ; et, ensuite, qu'entre le périoste et l'os il n'y a point d'épanchement.

Sur la pièce 8, *tibia* d'un lapin qui a survécu quatre-vingt-quatre heures à l'opération, la couche cartilagineuse, beaucoup plus étendue, recouvre l'os entier.

Mais remarquez toujours, d'une part, qu'elle tient partout au périoste, qu'elle n'est que le périoste même, et, d'autre part, qu'il n'y a nul épanchement encore entre le périoste et l'os.

§ VI.

Je le répète donc : l'os se forme toujours dans le périoste ; il se forme dans le périoste seul ; il ne se forme jamais dans une *matière épanchée*, dans un *épanchement* quelconque.

CHAPITRE V.

NOUVELLES EXPÉRIENCES TOUCHANT L'ACCROISSEMENT
DES OS EN LONGUEUR.

§ I.

« On piqua de quatre trous, dit Duhamel, l'os
» de la jambe d'un pigeonneau. Le trou n° 1 était le
» plus près du pied, et peu éloigné de l'articulation;
» la partie principale de cet os était renfermée entre
» le n° 2 et le n° 3; et la piqûre n° 4 était du côté
» du genou, mais peu éloignée de cette articulation.
» On tua cet animal huit jours après qu'ont lui eut
» fait ces piqûres, et on vit que celles n° 2 et n° 3,
» qui renfermaient la partie moyenne, n'avaient pas
» changé de position l'une à l'égard de l'autre; mais
» la piqûre n° 1 s'était éloignée de celle n° 2 de près
» d'un quart de ligne, et la piqûre n° 4 s'était éloi-
» gnée de celle n° 3 de près d'une demi-ligne.

» Il est évident par cette expérience que l'os de
» la jambe de ce pigeonneau avait acquis assez de
» dureté à sa partie principale pour ne plus s'é-
» tendre à cet endroit, mais qu'il n'était pas assez
» dur vers les extrémités pour avoir perdu la pro-

» priété de s'étendre ; de plus il est à propos de
» remarquer que l'extension a été plus considérable
» du côté de l'extrémité supérieure que du côté du
» pied (1). »

§ II.

Ainsi donc, selon Duhamel, les os *s'allongent* (2),
s'étendent (3), croissent en longueur par *extension* (4), etc., etc.

§ III.

« Sur le *tibia* d'un jeune cochon d'une grande
» espèce, je pratiquai, dit J. Hunter, deux trous
» dans chacun desquels je plaçai un grain de
» plomb, et j'eus soin de tenir note de la distance
» qui séparait les deux plombs l'un de l'autre. Je
» ne tuai l'animal que lorsqu'il eut atteint son ac-

(1) *Ve Mémoire sur les os*. (*Mém. de l'Acad. des sciences*,
année 1743, p. 136.

(2) « Quand les os ne sont pas bien endurcis, ils *s'allongent*
» dans toutes leurs parties... » *Ibid.*, p. 138.

(3) « *L'os de la jambe...* n'était pas assez dur vers ses extré-
» mités pour avoir perdu la propriété de *s'étendre...* » *Ibid.*,
p. 136 (passage cité page précédente).

(4) « Il est à propos de remarquer que l'*extension* a été plus
» considérable... » *Ibid.*, p. 136 (passage cité page précédente).

» croissement complet. A cette époque les deux trous
» se trouvèrent exactement à la même distance l'un
» de l'autre qu'au moment où je les avais faits. Or,
» si l'os se fût développé dans toutes ses parties,
» les deux grains de plomb se seraient éloignés
» l'un de l'autre en proportion de l'accroissement de
» l'os (1). »

§ IV.

Voilà, certes, une belle expérience, et J. Hunter
dit très bien que « l'os se développe par l'addition ,
» à sa surface externe, d'une matière osseuse nou-
» velle (2). »

Mais, à côté de cette belle expérience, j'en trouve
une autre ; et J. Hunter ne parle plus de même :
« L'os s'est allongé , dit-il, entre les deux trous d'un
» quart de pouce environ, tandis que les autres par-
» ties ont grandi d'un demi-pouce (3). »

(1) *Œuvres complètes de J. Hunter* traduites de l'anglais
par G. Richelot , t. I, p. 292.

(2) « Les os ne s'accroissent point au moyen de particules nou-
» velles qui se placeraient dans l'intervalle des parties antérieu-
» rement formées , de manière à produire un écartement plus
» grand entre ces dernières ;... mais ils se développent par l'ad-
» dition, à leur surface externe, d'une matière osseuse nou-
» velle. » *Ibid.*, p. *id.*

(3) *Ibid.*, t. IV, p. 412 (en note).

§ V.

Après toutes les expériences décisives qu'on a déjà vues (1), j'ose à peine en rapporter encore quelques autres. Les expériences inexactes de Duhamel et de J. Hunter me serviront d'excuse.

§ VI.

Les pièces 1, 2, 3, 4 et 5 de la Planche VII répondent à cinq expériences où tout a été fait de même.

On a pris cinq lapins de la même portée, par conséquent du même âge, de la même taille, etc., on les a tous opérés le même jour, et on les a tous opérés de même.

§ VII.

Sur le *tibia gauche* de chacun de ces lapins, on a mis deux clous ; et l'on a eu grand soin que la distance d'un clou à l'autre fût exactement la même.

(1) Ci-devant, p. 15 et suiv., et p. 27 et suiv.

Ainsi, la distance qui sépare les deux clous (1)
est, sur tous les *tibias*, de 3 centimètres.

§ VIII.

Ce n'est pas tout.

Sur tous ces *tibias*, non seulement les deux clous
ont été mis à la même distance l'un de l'autre,
comme je viens de le dire ; mais ils ont été mis à la
même distance des *épiphyses :* le clou supérieur à
4 millimètres de l'*épiphyse supérieure*, et le clou inférieur à 4 millimètres de l'*épiphyse inférieure*.

§ IX.

Quand l'expérience a commencé, les cinq lapins
étaient âgés de deux mois.

L'expérience a duré, pour le lapin du *tibia* 1,
quinze jours ; pour le lapin du *tibia* 2, un mois ;
pour le lapin du *tibia* 3, deux mois ; pour le lapin
du *tibia* 4, trois mois ; et pour le lapin du *tibia* 5,
cinq mois.

---

(1) Les clous 2 et 3. Les clous 1 et 4 ont été mis dans les *épiphyses ;* et par conséquent ils se sont de plus en plus éloignés
des clous 2 et 3, des clous de l'os, à mesure que l'os s'est accru.
Voyez ci-devant, p. 29.

Au moment de l'opération , les cinq *tibias* avaient la même longueur : 3 centimètres, 8 millimètres.

À la fin de l'expérience , le *tibia* 1 avait 4 centimètres , 8 millimètres ; le *tibia* 2, 5 centimètres, 6 millimètres ; le *tibia* 3, 6 centimètres, 5 millimètres ; le *tibia* 4 , 7 centimètres, 3 millimètres ; et le *tibia* 5, 8 centimètres, 1 millimètre.

Le *tibia* 1 s'était donc accru de 1 centimètre ; le *tibia* 2 , de 1 centimètre, 8 millimètres ; le *tibia* 3, de 2 centimètres , 7 millimètres ; le *tibia* 4 , de 3 centimètres, 5 millimètres ; et le *tibia* 5, de 4 centimètres, 3 millimètres.

Et tout cet accroissement s'était fait par-delà les deux clous.

Les *clous de l'os* ne s'étaient point écartés : donc l'os ne *s'allonge* pas , ne *s'étend* pas , ne croît pas par *extension*.

CHAPITRE VI.

DES THÉORIES MIXTES.

§ I.

Ayant réfuté l'une après l'autre , comme on vient de le voir, chacune des théories reçues , je ne m'arrêterai pas aux combinaisons que l'on a voulu faire de quelques unes d'entre elles, ou même de toutes.

§ II.

Puisqu'aucune , prise à part , n'est vraie , toutes prises ensemble, ne le sont pas davantage. En ce genre , qui voit bien la vraie théorie , voit bientôt qu'elle est une. Ceux qui en admettent plusieurs , ou qui les admettent toutes , n'en voient bien aucune.

QUATRIÈME PARTIE.

EXAMEN DU RAPPORT DES FORCES AVEC LA MATIÈRE
DANS LES CORPS VIVANTS.

—

CHAPITRE PREMIER.

MUTATION DE LA MATIÈRE.

§ I.

Je l'ai déjà dit (1), le grand ressort du développement des os est la *mutation de la matière*.

§ II.

Je reprends quelques unes de mes principales expériences, et je cherche à voir, d'une vue générale, le mécanisme profond, le mécanisme vrai du développement des os.

§ III.

Le mécanisme du développement des os est la *rénovation*, la *mutation continuelle* de toutes les

(1) Voyez ci-devant, p. 31 et suiv.

parties qui les composent. Cet os que je considère,
et qui s'accroît, n'a plus, en ce moment, aucune
des parties qu'il avait il y a quelque temps, et bientôt il n'aura plus aucune de celles qu'il a aujourd'hui.
Et, dans tout ce renouvellement perpétuel de matière, sa forme change très peu. Là est une des
premières et fondamentales lois qui régissent les
corps vivants. Dans tout ce qui a vie, la forme est
plus persistante que la matière.

§ IV.

Buffon l'avait déjà remarqué. « Ce qu'il y a, dit-il,
» de plus constant, de plus inaltérable dans la na-
» ture, c'est l'empreinte ou le moule de chaque es-
» pèce... ; ce qu'il y a de plus variable et de plus
» corruptible, c'est la substance qui les com-
» pose (1). »

Georges Cuvier semble s'être plu à développer
cette belle idée. « Dans les corps vivants, dit-il,
» ..... aucune molécule ne reste en place ; toutes
» entrent et sortent successivement : la vie est un
» tourbillon continuel, dont la direction, toute com-
» pliquée qu'elle est, demeure constante, ainsi que
» l'espèce des molécules qui y sont entraînées, mais

_____

(1) Buffon, *Histoire du cerf*, p. 86 (édition de l'Imprimerie
royale).

» non les molécules individuelles elles-mêmes ; au
» contraire, la matière actuelle du corps vivant n'y
» sera bientôt plus, et cependant elle est dépositaire
» de la force qui contraindra la matière future à
» marcher dans le même sens qu'elle. Ainsi, la
» forme de ces corps leur est plus essentielle que leur
» matière, puisque celle-ci change sans cesse, tan-
» dis que l'autre se conserve (1). »

§ V.

On peut dire que cette grande vue de la *mutation
continuelle de la matière*, fruit d'une méditation
abstraite plus encore que des faits mêmes, pour
Buffon et pour Cuvier, se convertit dans mes expériences en un fait matériel.

§ VI.

Je considère l'accroissement de l'os en grosseur,
et j'examine cette suite de *tibias* de la Planche IV
qui portent une *lame de platine*.

Je vois d'abord cette lame sur l'os, puis sous
quelques couches d'os, puis dans le milieu de l'os,
puis dans le canal médullaire.

(1) *Rapport historique sur les progrès des sciences natu-
relles*, p. 200.

Elle est dans le canal médullaire : donc tout un os s'est formé (1), et tout un os a disparu (2).

§ VII.

L'accroissement en longueur me donne les mêmes faits, et peut-être de plus surprenants encore. Les extrémités de l'os, ce qu'on appelle ses *têtes*, changent complétement pendant qu'il s'accroît. En effet, sur les *tibias* 1, 2 et 3 de la Planche V, les extrémités ou *têtes* de l'os, qui se trouvaient d'abord sur le *tibia* 1 au point où est le clou 2, et sur les *tibias* 2 et 3 au point où est le clou 3, ces *têtes* ne sont plus, elles ont été résorbées ; et celles qui sont maintenant n'existaient pas alors ; elles se sont formées depuis.

§ VIII.

Tout change donc, dans l'os, pendant qu'il s'accroît. Toutes ses parties paraissent et disparaissent; toutes sont, successivement, formées et résorbées ; et chacune, comme le dit admirablement Georges Cuvier, est *dépositaire*, tandis qu'elle existe, de la

(1) Tout l'os qui est maintenant *sur* la *lame*.
(2) Tout l'os qui était d'abord *sous* la *lame*.

force qui *contraindra* bientôt celle qui doit lui succé-
der, à *marcher dans le même sens qu'elle*, et à main-
tenir sa forme.

§ IX.

« Je ne décide point, dit Duhamel, si, dans le
» périoste d'un enfant..., toutes les couches qui doi-
» vent se développer successivement y sont conte-
» nues en raccourci, ou s'il s'en forme de nouvelles,
» à mesure que d'autres se convertissent en os...
» Ces questions ne peuvent être éclaircies par des
» expériences (1). »

Duhamel se trompe : l'expérience peut *éclaircir*
ces questions, et même elle les résout de la manière
la plus formelle.

Il se forme sans cesse des couches nouvelles ; et
loin que, dans le périoste d'un enfant, se trouvent
en raccourci toutes les couches qui devront se développer plus tard, le périoste actuel, le périoste
actuel tout entier aura bientôt disparu, et, à sa
place, il se sera formé un périoste nouveau, entièrement nouveau.

(1) *IV⁰ Mémoire sur les os.* (*Mém. de l'Acad. des sciences*,
année 1743, p. 98.)

§ X.

Il y a donc *formation* continuelle de couches nouvelles, *résorption* continuelle de couches anciennes,
en un mot *mutation continuelle* de la matière; et
pour emprunter encore, ici, à G. Cuvier une admirable parole : « C'est se faire une idée fausse de la
» vie, que de la considérer comme un simple lien qui
» retiendrait ensemble les éléments du corps vivant,
» tandis qu'elle est, au contraire, un ressort qui les
» meut et les transporte sans cesse (1). »

(1) *Rapport historique sur les progrès des sciences natu-
relles*, p. 224.

CHAPITRE II.

PERMANENCE DES FORCES.

§ I.

Il est impossible que, parvenu au point où nous sommes, le lecteur ne soit pas frappé de l'aspect nouveau sous lequel se présentent les *forces de la vie.*

La matière n'est, selon l'heureuse expression de G. Cuvier, que *dépositaire* de ces forces. La matière actuelle, la matière qui est à présent, ne les a qu'en dépôt; elle les a *reçues* de la matière qui l'a précédée; et ne les a reçues que pour les *rendre* à la matière qui la remplacera bientôt.

§ II.

Ainsi donc, la matière passe et les forces restent.

La loi, la grande loi qui fixe le rapport des forces avec la matière, dans les corps vivants, est donc, d'une part, la *permanence des forces*, et, de l'autre, la *mutation de la matière.*

§ III.

La *force* seule est donc stable.

Un philosophe de nos jours a défini l'*homme :* une intelligence servie par des organes.

Je définis la *vie :* un ensemble de forces servies par la matière.

FIN.

EXPLICATION DES PLANCHES.

PLANCHE I.

Formation de l'os dans le périoste.

FIG. 1, 2, 3, 4, 5 et 6. Elles représentent des côtes de chiens, sur lesquelles une portion d'os a été retranchée.

La portion d'os enlevée a été préalablement dénudée de son périoste, lequel a été conservé intact.

La durée de l'expérience a été de quatre jours (fig. 1), six jours (fig. 2), dix jours (fig. 3), douze jours (fig. 4), quatorze jours (fig. 5), seize jours (fig. 6).

  a a Points où l'ablation d'une portion de côte a été prati-
    quée.
  b Périoste épaissi.
  c Points osseux.
  d Cartilage.

Les six figures en regard des précédentes représentent les moitiés de côtes correspondantes.

PLANCHE II.

Formation de l'os dans le périoste et dans la membrane médullaire.

FIG. 1. Côte de chien, sur laquelle a été pratiquée une expérience semblable à celles que représente la Planche I.

L'animal a été tué trois mois après l'opération.

La reproduction de la portion d'os retranchée est si complète, qu'on ne voit plus aucune trace de l'expérience.

La figure en regard représente la moitié de côte correspondante.

FIG. 2. Côte de chien sur laquelle une portion d'os a été également retranchée.

L'expérience a duré onze jours.

Le périoste a été détaché sur les points mêmes, et même un peu par-delà les points où la section de l'os avait été faite, afin de montrer la continuité de cette membrane (là à l'état naturel) avec la portion épaissie dans laquelle se sont développés les points osseux.

FIG. 3 et 4. Elles sont destinées à représenter les résultats d'expériences analogues aux précédentes, mais cependant un peu différentes.

Sur ces animaux, en effet, l'ablation a été pratiquée, non plus sur la partie moyenne de l'os, mais sur l'extrémité sternale de la portion osseuse de la côte, de manière que la tête de l'os et une certaine portion du cartilage ont été enlevées en même temps.

L'animal auquel appartient la côte 3 a été tué neuf jours après l'expérience, et celui auquel appartient la côte 4 treize jours après.

La signification des lettres est la même que dans la Planche I.

a a Points où la résection de l'os et du cartilage a été pratiquée.
b Périoste épaissi.
c Points osseux nouveaux.
d Cartilage nouveau.

Les trois figures, en regard des précédentes, représentent les moitiés de côtes correspondantes.

Fig. 5, 6, 7, 8, 9, 10, 11 et 12. Elles représentent les résultats d'expériences où l'on a pratiqué, sur des chiens, une perforation du tibia s'arrêtant au canal médullaire, ou même traversant toute l'épaisseur de l'os. Sur tous ces animaux, à l'exception de celui dont le tibia est représenté fig. 5, on a introduit dans le trou, fait à l'os, une canule d'argent.

Ces tibias ont tous été sciés suivant leur longueur, excepté celui qui porte le n° 9, qui ne l'a point été, et sur lequel on a enlevé un peu de substance osseuse pour mettre à jour le canal médullaire.

Au moyen de la section longitudinale de l'os, on voit la communication du périoste et de la membrane médullaire.

Les mêmes lettres ont la même signification dans toutes ces figures.

a Tibia,
a' Canal médullaire,

b Périoste ,

c Membrane médullaire,

d Canule d'argent.

Sur la pièce n° 6, on voit la membrane médullaire qui pénètre dans l'orifice interne de la canule.

Sur toutes les autres pièces, c'est le périoste, au contraire, qui pénètre dans l'orifice externe de la canule ; sur la fig. 5, on le voit s'introduire dans l'ouverture de l'os.

L'épaississement du périoste dans l'intérieur de la canule est de plus en plus manifeste, à partir du n° 7 jusqu'au n° 12. Sur cette dernière figure, il est entièrement osseux, ainsi que la membrane médullaire.

La durée de l'expérience a été de cinq jours (fig. 5), six jours (fig. 6), sept jours (fig. 7), neuf jours (fig. 8), dix jours (fig. 9), onze jours (fig. 10), quinze jours (fig. 11 et 12).

PLANCHE III.

Formation de l'os dans le périoste.

Les quatre premières figures sont destinées à faire voir la reproduction de portions d'os dans le périoste, après l'ablation de l'extrémité supérieure de l'humérus.

On a mis dans ces expériences, qui ont été pratiquées sur des chiens, le plus grand soin à conserver le périoste, à ne point le léser, et néanmoins à en dénuder, aussi complétement que possible, la tête de l'os.

L'expérience a duré huit jours (fig. 1), douze jours (fig. 2), quatorze jours (fig. 3), et vingt jours (fig. 4).

On voit, sur ces quatre figures, des points osseux de nouvelle formation.

Les figures 5 et 6 montrent les résultats d'expériences dans lesquelles, contrairement à ce qui avait été fait dans les précédentes, on a enlevé, avec l'extrémité supérieure de l'humérus, le périoste qui la recouvrait. On ne voit, sur ces deux dernières figures, aucun point osseux de nouvelle formation.

La durée de l'expérience a cependant été plus longue que pour les figures 1, 2, 3 et 4 : ainsi le chien auquel appartenait l'humérus, représenté fig. 5, a survécu trente-deux jours à l'opération, et celui dont l'humérus se voit à la fig. 6 n'a été tué que le quarantième jour de l'expérience.

Les mêmes lettres ont la même signification dans ces six figures :

a Cavité glénoïde de l'omoplate ;

b Point où la section de l'humérus a été pratiquée ;

c Périoste ;

c' Périoste épaissi ;

d Points osseux de nouvelle formation ;

e Épiphyse de l'extrémité inférieure de l'humérus.

FIG. 7. Tête d'humérus de chien dépouillée de son périoste jusqu'au niveau du cartilage articulaire; elle appartenait à l'os représenté dans la fig. 1.

FIG. 8. Tête d'humérus recouverte de son périoste ; elle appartenait à l'os représenté dans la fig. 5.

FIG. 9, 10, 11, 12 et 13. Elles montrent les résultats d'expériences dans lesquelles on a pratiqué sur des chiens l'ablation de l'extrémité inférieure de l'un des radius ; cette extrémité a été dénudée de son périoste, lequel est resté intact, une simple incision longitudinale de cette membrane et son détachement de l'os ayant suffi pour l'accomplissement de l'expérience.

Le nombre des jours pendant lesquels les animaux ont survécu a été de cinq (fig. 9), de quinze (fig. 10), de vingt (fig. 11), de trente (fig. 12), et de quarante-cinq (fig. 13).

a Radius ;

b Cubitus ;

c Périoste ;

c' Périoste épaissi ;

d Points osseux de nouvelle formation ;

e Cartilage de nouvelle formation ;

e' Cartilage de nouvelle formation sur le point d'être *ossifié ;*

f Os du carpe.

FIG. 14. Extrémité inférieure de radius dénudée de son périoste ; cette extrémité appartenait au radius représenté dans la fig. 9.

PLANCHE IV.

Formation de l'os dans le périoste.
Résorption de l'os par la membrane médullaire.

FIG. 1, 2 et 3. Elles présentent les résultats d'expériences dans lesquelles on a enlevé, sur de jeunes chiens, toute la diaphyse de l'un des radius ; on a laissé intact le périoste, qu'il a suffi d'inciser suivant sa longueur pour le détacher de l'os, et pour que l'ablation du corps de l'os tout entier pût être faite : il n'a point été touché aux épiphyses.

La pièce n° 1 est représentée entière, tandis que celles qui portent les n° 2 et 3 ont été sciées longitudinalement. Le trait de scie n'a atteint le cubitus qu'en partie.

Le temps écoulé entre le jour de l'opération et celui où l'on a tué l'animal a été de treize jours pour le chien, dont l'avant-bras est représenté dans la figure n° 1, de vingt et de quarante-huit jours pour ceux dont l'avant-bras est représenté dans les figures 2 et 3.

$a\ a$ Épiphyses du radius (Dans la fig. 1, elles sont cachées par le périoste très épaissi) ;

b Cubitus ;

c Périoste ;

$d\ d$ Portions d'os et points osseux de nouvelle formation ;

e Cartilage de nouvelle formation ;

f Os du carpe.

FIG. 4. Diaphyse du radius provenant de l'avant-bras, représenté dans la fig. 1 ; elle est complétement dépouillée de son périoste.

Fig. 5, 6, 7, 8, 9, 10, 11, 12, 13 et 14. Elles sont destinées à montrer les résultats d'expériences dans lesquelles on a entouré d'un anneau de fil de platine l'un des tibias de jeunes chiens.

Dans les fig. 5 et 6, on a représenté l'une des moitiés de l'os scié suivant sa longueur; les huit autres figures, au contraire, montrent une coupe transversale de l'os.

Les chiens, dont l'un des tibias est figuré aux n°° 5 et 6, ont été tués, le premier trente-trois jours, et le second cinquante-quatre jours après l'opération. Quant aux huit autres figures, l'indication de la durée de l'expérience ne peut pas être donnée d'une manière absolument précise (1). Toutefois, le chien dont on voit une portion de l'un des tibias au n° 7, a été tué quelques jours après que l'anneau de fil de platine avait été placé, et celui dont une coupe transversale du même os est figurée au n° 14 a survécu cent dix jours.

Les autres chiens ont été tués successivement à des époques intermédiaires aux deux précédentes.

a Couches osseuses du tibia comprises dans l'anneau métallique ;

a' Couches osseuses du tibia en dehors de l'anneau ;

_____

(1) Rien ne varie plus, en général, que la durée de temps que demande la formation, la reproduction de l'os. Ce temps varie selon les individus, surtout selon les *races*, particulièrement dans l'*espèce* du chien. Souvent un animal est plus avancé dans une expérience de huit jours, qu'un autre dans une expérience de quinze ou de vingt. Pour arriver à des séries régulières, c'est-à-dire où le *progrès* réponde au *temps*, il faut choisir sur un très grand nombre d'expériences.

b Canal médullaire du tibia ;

c Périoste ;

d Anneau métallique.

On voit que la portion *a* de l'os manque dans la fig. 14, si ce n'est dans un point très limité où cette lame osseuse est réduite à un amincissement extrême ; elle manque presque entièrement aussi dans les fig. 5, 6 et 13.

Elle est d'autant plus épaisse, que l'animal a survécu moins longtemps à l'expérience. Ainsi, elle n'a nulle part plus d'épaisseur que dans la fig. 7.

Le contraire a lieu pour la portion *a'* de l'os : très considérable, en effet, dans les fig. 6, 12, 13 et 14, elle l'est déjà moins dans les fig. 5 et 11. Dans la fig. 10, elle est d'une épaisseur à peu près égale à celle de la portion *a*. Elle est d'autant moins épaisse, que l'expérience est plus récente : dans la fig. 7, par exemple, cette portion *a'* manque tout-à-fait, l'anneau n'est recouvert encore que par le périoste.

Fig. 15, 16, 17, 18, 19, 20, 21 et 22. Elles représentent les résultats d'une série d'expériences consistant dans l'introduction d'une petite lame de platine sous le périoste de l'un des tibias de jeunes chiens. Cette lame est longue de 4 millimètres et large de 2.

Tous ces tibias, à l'exception de ceux qui portent les n° 15 et 16, ont été sciés suivant leur longueur.

L'animal dont le tibia est figuré n° 15 a été tué le lendemain du jour de l'expérience ; on voit encore l'incision faite au périoste pour l'introduction de la lame métallique sous cette membrane.

Pour les autres figures, la durée de l'expérience a été de

cinq jours (fig. 16), huit jours (fig. 17), douze jours (fig. 18), vingt jours (fig. 19 et 20), trente-six jours (fig. 21 et 22.)

a   Tibia ;
b   Canal médullaire ;
c   Périoste ;
d d' Plaques métalliques ;
e   Péroné.

On voit que la plaque d s'approche de plus en plus du canal médullaire, depuis la fig. 16 jusqu'à la fig. 21, et qu'elle est dans l'intérieur même de ce canal dans la fig. 22.

Fig. 23, 24, 25 et 26. Elles sont relatives à des expériences qui ont pour but de démontrer la résorption de l'os par la membrane médullaire.

Des côtes de lapin ayant été introduites dans le canal médullaire de l'un des tibias de différents chiens, on a vu s'effectuer, peu à peu, la résorption de ces os étrangers.

Le tibia dans le canal médullaire duquel a été introduite la côte de lapin n'a été représenté que sur les fig. 23 et 24 : sur les autres figures, on s'est borné à montrer la côte telle qu'on l'a trouvée dans l'intérieur du canal d'où on l'a extraite. On a placé en regard la côte correspondante du côté opposé, qu'on avait conservée intacte, afin de constater les changements qui surviendraient pendant la durée de l'expérience.

Sur l'un de ces chiens, comme l'indique la fig. 26, on avait introduit dans le même canal médullaire deux côtes de lapin.

a Tibia ;
b Périoste ;
c Membrane médullaire ;

d Côtes de lapin intactes servant de termes de comparaison ;

d' Côtes de lapin en partie résorbées.

Durée de l'expérience : vingt-deux jours (fig. 23), trente-
trois jours (fig, 24), quarante-trois jours (fig. 25), cinquante-
trois jours (fig. 26).

PLANCHE V.

**Résorption de l'os par le périoste. — Formation
du cal dans le périoste.**

Fig. 1, 2 et 3. Elles sont destinées à montrer les résultats
de quatre séries d'expériences, et ont été pratiquées sur le
tibia droit de trois lapins.

Première série d'expériences, relative au corps de l'os.
Il ne faut s'occuper ici que des clous suivants :
Os n° 1, clous 3, 4 et **5** ;
Os n°ˢ 2 et 3, clous 4, 5 et 6.
Ces clous ont été placés à 1 centimètre l'un de l'autre sur
chacun de ces os, dont la longueur était, le jour de l'opération : 6 centimètres (fig. 1), 4 centimètres 3 millimètres (fig. 2),
et 5 centimètres 4 millimètres (fig. 3). Elle est maintenant,
en énumérant toujours les os dans le même ordre, de 6 centimètres 6 millimètres ; 6 centimètres 9 millimètres ; 8 centimètres 1 millimètre. Mais la distance entre les clous, qui
était de 1 centimètre le jour de l'opération, est encore la
même à la fin de l'expérience, qui a duré, pour le premier
animal, vingt-deux jours ; pour le deuxième, quarante-six
jours ; et pour le troisième, soixante-six.

Deuxième série d'expériences, relative aux extrémités de
l'os.
Les clous qui se rapportent à ces expériences sont, sur
l'os n° 1, les clous n°ˢ 1 et **6**, et sur les os n°ˢ 2 et 3, les clous

n°ˢ 2 et 7. Ces clous ont été placés à des distances respectives, différentes sur chaque os.

Ainsi, au commencement de l'expérience :

Os n° 1. 1° Distance entre les clous 1 et 6, 5 centimètres 1 millimètre; 2° distance entre le clou 1 et l'épiphyse supérieure, 4 millimètres; 3° distance entre le clou 6 et l'épiphyse inférieure, 4 millimètres;

Os n° 2. 1° Distance entre les clous 2 et 7, 3 centimètres 3 millimètres; 2° distance entre le clou 2 et l'épiphyse supérieure, 4 millimètres; 3° distance entre le clou 7 et l'épiphyse inférieure, 4 millimètres;

Os n° 3. 1° Distance entre les clous 2 et 7 , 4 centimètres 3 millimètres; 2° distance entre le clou 2 et l'épiphyse supérieure, 4 millimètres; 3° distance entre le clou 7 et l'épiphyse inférieure, 3 millimètres;

A la fin de l'expérience, c'est-à-dire au bout de vingt-deux jours pour l'os n° 1, de quarante-six pour l'os n° 2, et de soixante-six pour l'os n° 3 :

1° Distance entre les clous 1 et 6 (os n° 1), et entre les clous 2 et 7 (os n°ˢ 2 et 3), la même que le jour de l'opération ;

2° Distance entre l'épiphyse supérieure et le clou 1 (os n° 1), 7 millimètres; et le clou 2 (os n° 2), 20 millimètres; et le clou 2 (os n° 3), 25 millimètres;

3° Distance entre l'épiphyse inférieure et le clou 6 (os n° 1), 7 millimètres; et le clou 7 (os n° 2), 16 millimètres, et le clou 7 (os n° 3), 13 millimètres.

L'accroissement en longueur de ces os, qui a été de 6 millimètres pour l'os n° 1, de 28 millimètres pour l'os n° 2, et de 31 millimètres pour l'os n° 3, ne s'est donc fait, pour le premier, qu'entre les épiphyses (tant la supérieure que l'inférieure) et les clous 1 et 6 ; et, pour les deux autres, qu'entre les épiphyses et les clous 2 et 7.

Troisième série d'expériences, relative au déplacement de l'apophyse ou épine du tibia pendant l'accroissement de cet os.

La durée de l'expérience a été la même ici que pour la série précédente.

Les clous sur lesquels porte l'expérience sont le clou 2 (fig. 1) et le clou 3 (fig. 2 et 3).

Chacun de ces clous a été placé au niveau de l'épine du tibia le jour de l'opération.

A la fin de l'expérience, on a trouvé, sur chaque os, l'épine éloignée du clou : la distance qui sépare maintenant ces deux points est, en effet, de 3 millimètres (fig. 1), de 13 millimètres (fig. 2), et de 17 millimètres (fig. 3).

Quatrième série d'expériences, relative aux épiphyses.

On a placé un clou dans chaque épiphyse des os n°s 2 et 3. Les clous dont il s'agit ici sont les clous 1 et 8. Il faut noter cependant que, sur l'os n° 2, le clou 1, au lieu d'avoir été mis dans l'épiphyse, a été, par erreur, placé dans le fibro-cartilage qui sépare la diaphyse de l'épiphyse. Or, pour ce dernier clou, le résultat n'a pas été le même que pour le clou 8 du même os, et que pour les clous 1 et 8 de l'os n° 3. Placé en effet à 4 millimètres du clou 2, la distance entre ces deux clous n'a pas changé ; mais le clou 8, placé à 4 millimètres du clou 7, s'en est trouvé éloigné de 17 millimètres à la fin de l'expérience, c'est-à-dire au bout de quarante-six jours.

Sur l'os n° 3, le clou 1 (clou de l'épiphyse supérieure) a été placé à 4 millimètres du clou 2, et le clou 8 (clou de l'épiphyse inférieure) à 4 millimètres du clou 7.

10

L'animal a été sacrifié soixante-six jours après l'opération. On a trouvé :

Entre les clous 1 et 2, 25 millimètres de distance ;

Et entre les clous 8 et 7, 14 millimètres.

Fig. 4 et 5. Elles font connaître le résultat d'expériences relatives à la force de résorption du périoste.

Elles ont consisté dans l'introduction de petites lames osseuses sous le périoste des extrémités, des *têtes* de l'un des tibias. Les animaux qui ont servi à ces expériences étaient de jeunes chiens. Les lames osseuses avaient une longueur de 2 centimètres et une largeur de 3 millimètres.

a Tibia ;

b b Périoste ;

d d Corps étrangers placés sous le périoste.

Durée de l'expérience : vingt-six jours (fig. 4), trente et un jours (fig. 5).

Fig. 6, 7, 8. Elles sont destinées à montrer, d'une part, la formation de l'os par la membrane médullaire, et de l'autre, la résorption des os propres de l'animal par le périoste.

Ce sont des tibias de canards dont le périoste a été détruit dans presque toute l'étendue du corps de l'os. Ces tibias ont été sciés suivant leur longueur, et l'on n'a représenté que l'une des deux moitiés de chacun de ces os.

a Tibia recouvert de son périoste ;

b Périoste ancien ;

b' Périoste nouveau et épaissi (fig. 7) ;

b" Deux prolongements du périoste nouveau (fig. 7 et 8), qui, après avoir résorbé, percé l'os mort, se glissent sous cet os mort, pour aller s'implanter dans l'os vivant ;

f Canal médullaire (fig. 6 et 8) ;

h Os nouveau formé dans la membrane médullaire (fig. 6) ;

h' Os nouveau formé dans le périoste ;

i Nouvelle membrane médullaire ;

j Os mort.

L'animal auquel appartenait le tibia représenté fig. 6 a survécu vingt jours à l'opération ; pour celui dont le tibia porte le n° 7, la durée de l'expérience a été de vingt-huit jours ; elle a été de trente et un jours pour celui dont le tibia est figuré au n° 8.

Fig. 9. 10, 11, 12, 13, 14, 15 et 16. Elles montrent le résultat d'expériences destinées à faire connaître la formation du cal.

Elles ont été faites sur des tibias de chiens et de lapins.

Tous ces os, à l'exception de celui qui porte le n° 9, ont été sciés suivant leur longueur.

Les mêmes lettres ont la même signification dans toutes ces figures.

a Tibia ;

b Périoste ;

b' Périoste épaissi ;

e Point où l'os a été fracturé ;

f Canal médullaire ;

h Os nouveau intérieur, c'est-à-dire développé dans le canal médullaire ;

h' Os nouveau extérieur ;

h" Points osseux de nouvelle formation ;

k Intérieur de la *capsule* ou *virole :* périostique (fig. 14), osseuse (fig. 15).

Fig. 9. Portion moyenne du tibia droit d'un chien, tué trois jours après l'opération. On voit à la face interne du périoste, renversé et maintenu par des érignes, un nombre très considérable de petits prolongements qui viennent se fixer sur l'os et sur le point même où celui-ci a été fracturé.

Fig. 10. Portion moyenne du tibia d'un chien. L'expérience a duré dix jours. La face interne du périoste épaissi, qui est tiré en dehors par des érignes, présente, comme dans la fig. 9, des prolongements qui pénètrent entre les deux fragments de l'os et viennent s'unir à la membrane médullaire.

Fig. 11. Tibia droit d'un chien. La durée de l'expérience a été de quinze jours. On voit, de même, ici le périoste épaissi qui vient s'unir à la membrane médullaire dans l'intervalle existant entre les fragments.

Fig. 12. Portion du tibia droit d'un chien. L'animal a été tué au bout de vingt-deux jours.

Fig. 13. Portion du tibia droit d'un chien qui a survécu à l'expérience durant vingt jours.

Ces deux figures montrent l'augmentation de volume du périoste, et surtout le développement de points osseux dans son épaisseur.

Fig. 14 et 15. Tibias droits de deux lapins, tués : le premier, celui du tibia 14, au bout de dix jours ; et le second, celui du tibia 15, au bout de quarante-cinq jours.

Sur l'une et l'autre figure, on voit la capsule de la fracture, avec cette différence pourtant que cette capsule k est
encore molle sur la fig. 14, et qu'elle est complétement osseuse sur la pièce 15.

Fig. 16. Elle montre, sur un tibia droit de jeune chien,
examiné quarante-cinq jours après l'expérience, une fracture
parfaitement consolidée. On voit encore en e, endroit où la
fracture a eu lieu, quelques traces de l'os nouveau qui formait
le *bouchon osseux* intérieur.

PLANCHE VI.

Formation de l'os dans le périoste.
Résorption de l'os par la membrane médullaire.

FIG. 1, 2, 3, 4, 5, 6. Elles font connaître les résultats d'expériences dans lesquelles on a détruit la membrane médullaire de divers os.

On a scié longitudinalement les pièces représentées par ces figures.

La fig. 1 montre une moitié du radius gauche d'un porc, et la fig. 3 l'autre moitié de ce même radius. La fig. 2 est la représentation de l'os ancien et nécrosé, retiré de la cavité du radius de nouvelle formation. — On le voit par sa face externe, qui est usée et corrodée.

La durée de l'expérience a été de vingt et un jours.

Les fig. 4 et 6 sont les deux moitiés du radius droit d'un bouc, os tout entier de nouvelle formation : on voit, fig. 5, l'os ancien et nécrosé, retiré de l'intérieur de l'os nouveau ; la surface externe en est usée et corrodée. L'animal a été tué trois mois après la destruction de la membrane médullaire.

a Périoste de l'os nouveau ;

c Os nouveau ;

d Membrane médullaire de l'os nouveau ;

e Os ancien ;

f Débris de la membrane médullaire de l'os ancien.

FIG. 7, 8, 9, 10, 11, 12, 13 et 14. Elles représentent le résultat d'expériences où, après avoir scié en travers un des tibias, on a détruit aussi complétement que possible la membrane médullaire de cet os. Les animaux sur lesquels on a opéré sont des lapins.

La durée de l'expérience a été, pour les fig. 7, 8, 9, 10, 14, de trois, quatre, huit, seize, dix-neuf jours ; et pour les fig. 11 et 13, de quarante jours.

a Périoste ;

a' Prolongement du périoste se *continuant* avec

b, Couche cartilagineuse adhérente à l'os de nouvelle formation ;

c Os nouveau ;

d Canal médullaire de l'os nouveau, avec sa nouvelle membrane médullaire ;

e Os ancien. Dans la fig. 14, il forme un sequestre qu'on a fait sortir de la cavité médullaire de l'os nouveau.

FIG. 15 et 16. Elles montrent les résultats d'expériences dans lesquelles on a entouré le tibia droit de deux lapins d'un anneau métallique.

a Périoste ;

h Anneau métallique.

L'animal auquel appartenait le tibia représenté fig. 15 a été tué le quatrième jour après l'opération. L'anneau n'était encore recouvert que par le périoste.

Le tibia qui porte le n° 16 appartenait à un animal qui a survécu huit jours à l'opération ; l'anneau est déjà recouvert par une couche très mince et transparente d'os nouveau.

FIG. 17, 18, 19 et 20. Elles sont destinées à faire connaître le résultat des expériences mécaniques relatives à l'accroissement des os en longueur.

Ces expériences ont été faites de la manière suivante : sur la face interne du tibia droit de deux lapins, deux trous ont été pratiqués à une certaine distance l'un de l'autre. Cette distance a été exactement mesurée. Dans chacun des deux trous, on a fait pénétrer un petit clou d'argent, auquel on a laissé faire à peine saillie.

Quelques points de suture ont rapproché les lèvres de la plaie.

Afin de s'assurer d'une manière exacte de l'accroissement que pourrait prendre l'os sur lequel était pratiquée l'expérience, on a fait sur chacun des lapins une amputation dans l'articulation tibio-fémorale du tibia du côté opposé, et chacun de ces tibias amputés a été conservé avec l'indication du lapin auquel il appartenait.

Les fig. 17 et 19 représentent les tibias droits, sur lesquels ont été placés les clous, et les fig. 18 et 20, les tibias gauches correspondants, amputés le jour même de l'opération.

FIG. 17. Le lapin auquel appartenait ce tibia a été tué cinquante-trois jours après l'opération. L'intervalle compris entre

i i Les clous d'argent est de 20 millimètres, comme le jour de l'opération. L'accroissement de l'os en longueur a été de 31 millimètres, puisque, au lieu de 63 millimètres qu'il avait à ce moment-là, ainsi que l'indique la fig. 18, il en a 94.

FIG. 18. Tibia gauche du même lapin, amputé le jour de l'opération, long de 63 millimètres.

FIG. 19. Le lapin auquel appartenait ce tibia a survécu quatre-vingt-sept jours à l'opération.

i i Clous d'argent distants l'un de l'autre de 20 millimètres, comme au jour de l'opération. L'os a pris un accroissement de 38 millimètres ; car il n'a plus, comme au moment de l'opération , 66 millimètres de longueur, mais bien 104.

FIG. 20. Tibia gauche du même lapin , amputé le jour de l'opération. Sa longueur est de 66 millimètres.

PLANCHE VII.

Action de la garance sur les os.

Les cinq premières figures de cette Planche sont destinées à faire connaître le résultat de nouvelles expériences mécaniques relatives à l'accroissement des os en longueur.

Sur la face interne du tibia gauche de cinq lapins âgés de deux mois, quatre trous ont été pratiqués, un dans chaque épiphyse et deux dans le corps de l'os.

Dans chacun des quatre trous on a fait pénétrer un petit clou d'argent auquel on a laissé faire à peine saillie ; quelques points de suture ont rapproché les lèvres de la plaie.

La longueur de chaque tibia était alors de 3 centimètres 8 millimètres (1).

Les deux clous implantés dans la diaphyse l'ont été, sur tous les os, à la même distance l'un de l'autre, c'est-à-dire à une distance de trois centimètres.

Entre le clou de l'épiphyse supérieure ou clou 1 et le clou supérieur de la diaphyse ou clou 2, l'intervalle, au moment de l'opération, était de 4 millimètres ; il était le même entre le clou n° 3 et celui de l'épiphyse inférieure.

La durée de l'expérience a été pour :

Le premier lapin, de quinze jours ;

Le deuxième, d'un mois ;

Le troisième, de deux mois ;

(1) J'indique comme longueur de l'os l'intervalle qui sépare les clous des épiphyses, ce qui donne, à très peu de chose près, la longueur totale de l'os, et simplifie l'explication.

Le quatrième, de trois mois ;

Le cinquième, de cinq mois.

Quant aux résultats obtenus, il faut bien remarquer d'abord que, sur ces cinq tibias, la distance entre les clous 2 et 3 est restée exactement la même que le jour de l'opération, c'est-à-dire de 3 centimètres.

C'est donc par-delà les clous 2 et 3 que s'est fait l'accroissement des os en longueur.

FIG. 1. Longueur totale de l'os, ou plus exactement : distance entre les clous 1 et 4, 4 centimètres 8 millimètres;

Distance entre les clous 1 et 2, 1 centimètre;

Distance entre les clous 3 et 4, 8 millimètres.

FIG. 2. Longueur totale de l'os, 5 centimètres 6 millimètres.

Distance entre les clous 1 et 2, 13 millimètres.

Distance entre les clous 3 et 4, 13 millimètres.

FIG. 3. Longueur totale de l'os, 6 centimètres 5 millimètres ;

Distance entre les clous 1 et 2, 2 centimètres ;

Distance entre les clous 3 et 4, 1 centimètre 5 millimètres.

FIG. 4. Longueur totale de l'os, 7 centimètres 3 millimètres ;

Distance entre les clous 1 et 2, 2 centimètres 4 millimètres ;

Distance entre les clous 3 et 4, 1 centimètre 9 millimètres.

FIG. 5. Longueur totale de l'os, 8 centimètres 1 millimètre ;

Distance entre les clous 1 et 2, 2 centimètres 8 millimètres ;

Distance entre les clous 3 et 4, 2 centimètres 3 millimètres.

Pour chacune de ces figures, en ajoutant la distance qui se trouve entre les clous 1 et 2 à la distance qui se trouve entre les clous 3 et 4, on a la longueur totale de l'os, moins 3 centimètres, distance toujours restée invariable entre les clous 2 et 3.

FIG. 6 et 7. Elles représentent les deux moitiés d'un humérus et d'une portion d'omoplate d'un jeune chien sur lequel avait été pratiquée la résection de la tête de l'humérus. Dans cette expérience on a enlevé, avec la tête de l'os, le périoste qui la recouvre.

L'animal a été tué le cinquante-quatrième jour de l'expérience.

FIG. 8 et 9. Elles représentent le résultat d'une expérience semblable à la précédente, mais pratiquée sur un jeune chevreau. La tête de l'humérus a été retranchée avec le périoste qui la recouvre.

L'animal a été tué quatre-vingt-dix-sept jours après l'expérience.

Pour ces quatre figures (6 et 7, 8 et 9) les mêmes lettres ont la même signification.

a Cavité glénoïde de l'omoplate ;
b Point où la section de l'os a été pratiquée ;
c Périoste ;
c′ Périoste épaissi (fig. 8 et 9) ;
d Portions osseuses de nouvelle formation.

FIG. 10. Squelette d'un jeune pigeon tué vingt-quatre heures après un seul repas de garance d'Alsace.

FIG. 10 *bis*. Portion de fémur d'un jeune pigeon tué après un seul repas de garance.

Toute la substance de l'os est rouge.

FIG. 11. OEil d'un pigeon soumis au régime de la garance.

a Cercle osseux de la cornée devenu rouge pendant ce régime.

FIG. 12. Os hyoïde, larynx et trachée-artère d'un pigeon soumis pendant vingt-quatre heures à un régime de garance.

Tout ce qui est de nature osseuse est rouge.

FIG. 13. Portion moyenne de la moitié du fémur gauche d'un jeune porc soumis pendant un mois au régime de la garance, et sacrifié pendant ce régime.

a Portion rouge ;
b Portion blanche.

FIG. 14. Extrémité inférieure de la moitié de l'humérus gauche d'un porc soumis pendant un mois au régime de la garance, rendu pendant quatre mois au régime ordinaire, et puis soumis de nouveau pendant un mois au régime de la garance. L'animal a été tué à la fin de ce dernier régime. L'épiphyse inférieure manque.

a Couche formée pendant le dernier régime de la garance ;
b Couche formée pendant le régime ordinaire ;
c Couche formée pendant le premier régime de la garance ; elle est résorbée vers l'extrémité de l'os.

Fig. 15. Portion de fémur d'un jeune porc, soumis au régime de la garance, pendant un mois, et tué pendant ce régime. L'os est rouge dans toute son épaisseur.

Fig. 16. Portion de fémur d'un porc moins jeune que le précédent, soumis au régime de la garance pendant un mois, et tué pendant ce régime. La portion extérieure de l'os est seule colorée.

a Cercle rouge ;
b Cercle blanc.

Fig. 17. Portion de fémur d'un porc du même âge que le précédent, soumis aussi pendant un mois au régime de la garance, et rendu ensuite pendant un mois au régime ordinaire, pendant lequel il a été tué.

a Cercle blanc ;
b Cercle rouge ;
c Cercle blanc.

Fig. 18. Portion de fémur d'un porc du même âge que le précédent et soumis, de même, au régime de la garance pendant un mois, mais ensuite rendu au régime ordinaire pendant deux mois. L'animal a été sacrifié au bout de ce temps.

a Cercle blanc ;
b Cercle rouge ;
c Cercle blanc.

Fig. 19. Portion de fémur d'un porc du même âge que le précédent, soumis de même pendant un mois au régime de la garance, et rendu ensuite pendant quatre mois au régime ordinaire, pendant lequel il a été sacrifié.

a Cercle blanc très considérable ;

b Cercle rouge en partie résorbé ;

c Cercle blanc intérieur également incomplet.

Fig. 19 *bis*. Portion de l'un des fémurs du porc dont une autre portion est représentée fig. 19.

Une section longitudinale a été pratiquée de manière à montrer la disposition de la coloration à l'intérieur de l'os.

a Cercle blanc,

b Cercle rouge ;

c Portion blanche de l'os appartenant au cercle blanc intérieur.

d e Lignes rouges indiquant les limites de la portion de l'os rougie par la garance.

Fig. 20. Portion de l'un des fémurs d'un porc soumis pendant un mois au régime de la garance, puis rendu pendant un mois au régime ordinaire, et enfin soumis à un nouveau régime colorant pendant un mois. C'est pendant ce dernier régime que l'animal a été tué.

a Cercle rouge ;

b Cercle blanc ;

c Cercle rouge.

d Cercle blanc.

Fig. 21. Portion de l'un des fémurs d'un porc soumis au régime de la garance pendant un mois, rendu ensuite au régime ordinaire pendant un mois, puis soumis de nouveau au régime colorant pendant un mois, et enfin rendu au régime ordinaire pendant deux mois. C'est pendant ce dernier régime que l'animal a été tué.

a Cercle blanc extérieur ;

b Cercle rouge ;

c Cercle blanc ;

d Cercle rouge.

FIG. 22 et 23. Extrémité inférieure de l'un des tibias d'un porc tué après un régime ordinaire de deux mois, succédant à un régime de garance dont la durée avait été d'un mois.

L'os a été scié dans le sens de sa longueur afin de montrer les portions d'os formées pendant les deux régimes.

a Portions rouges d'os formées pendant le régime colorant ;

b Portions blanches d'os formées pendant le régime ordinaire ;

c Épiphyse.

FIN DE L'EXPLICATION DES PLANCHES.

TABLE.

—

DEUXIÈME PARTIE.

EXPÉRIENCES FAITES AU MOYEN DE LA GARANCE.

TROISIÈME PARTIE.

DISCUSSION DES THÉORIES REÇUES SUR LA FORMATION DES OS.

QUATRIÈME PARTIE.

EXAMEN DU RAPPORT DES FORCES AVEC LA MATIÈRE DANS
LES CORPS VIVANTS.

EXPLICATION DES PLANCHES.

FIN DE LA TABLE.

II.

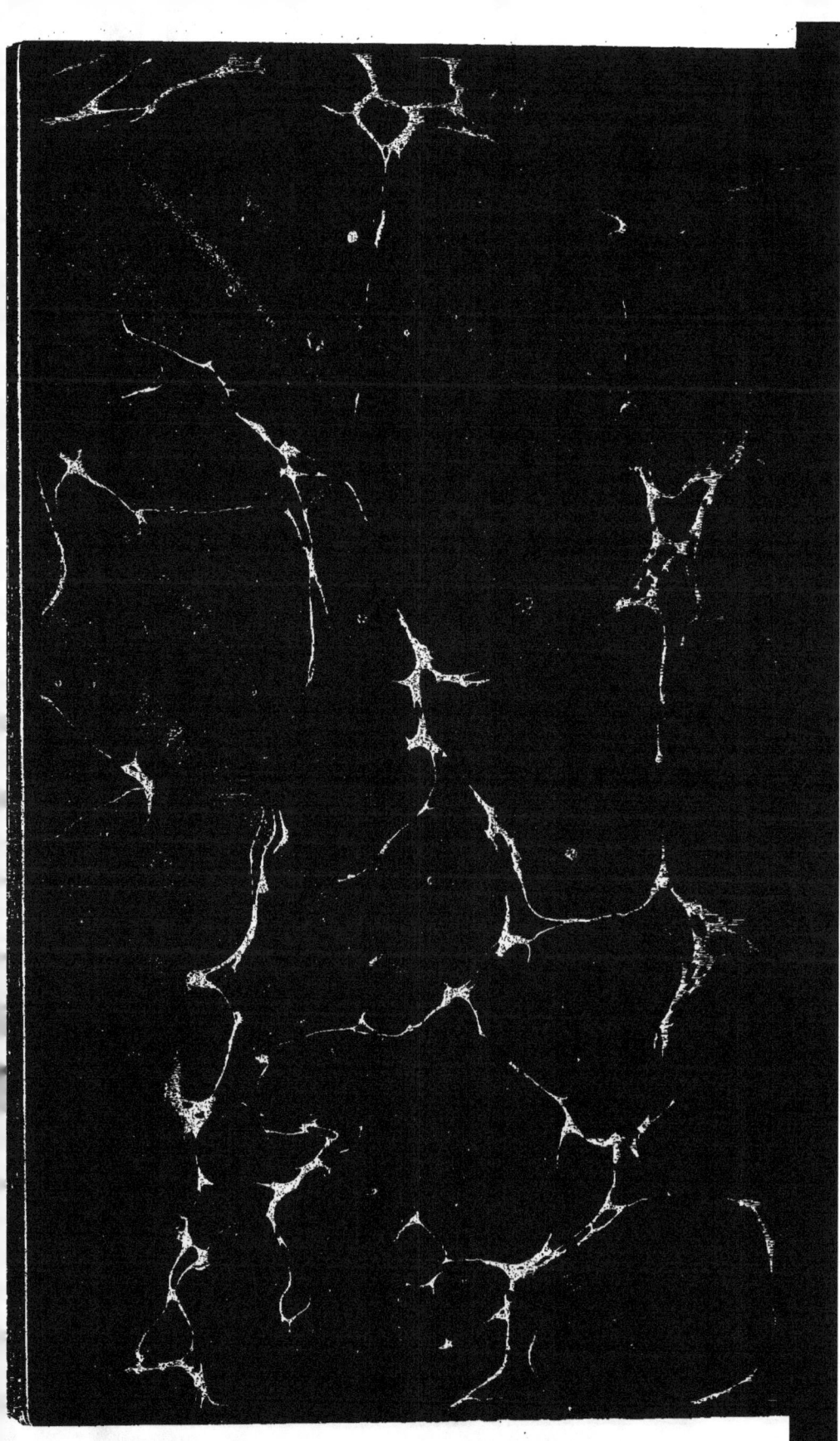

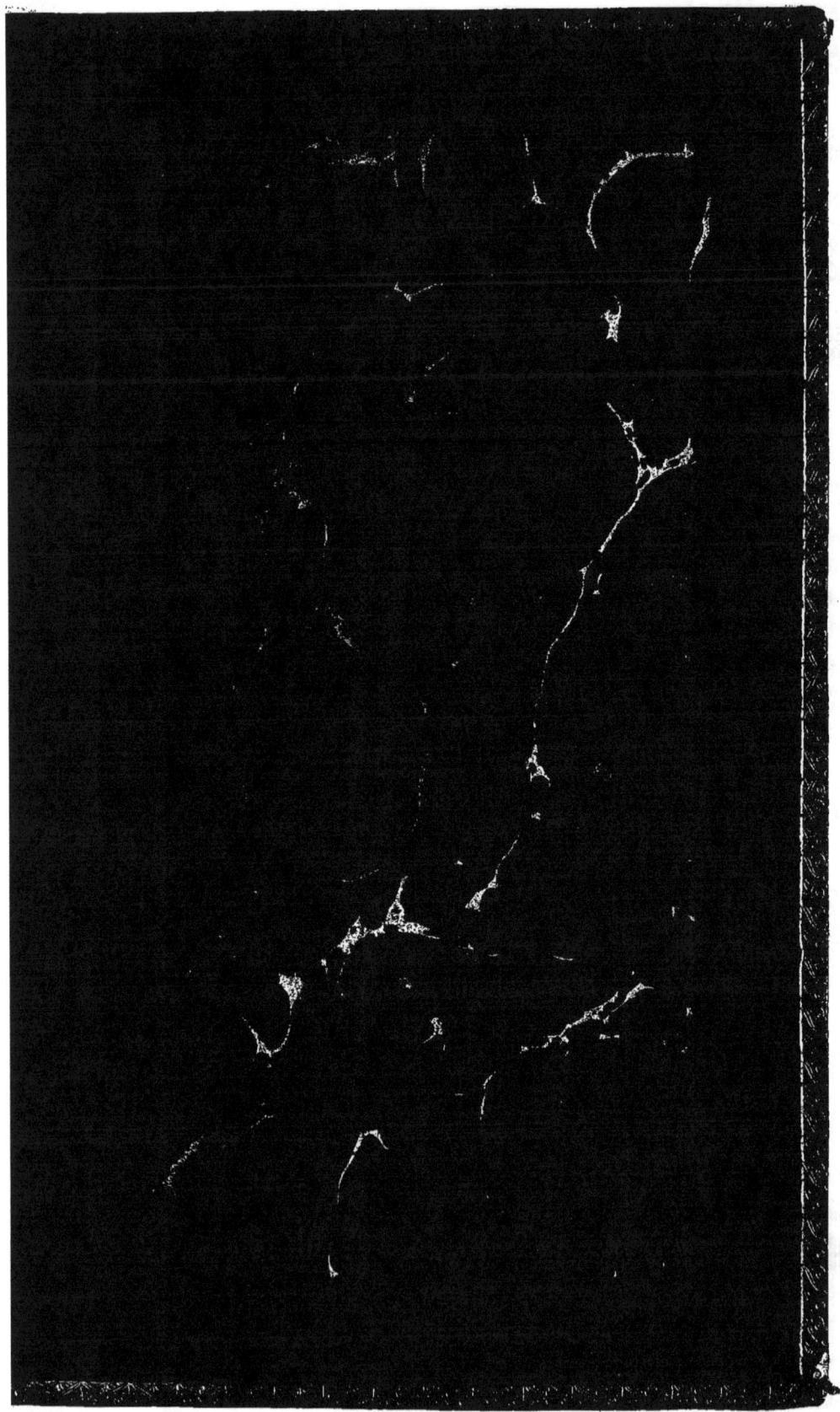

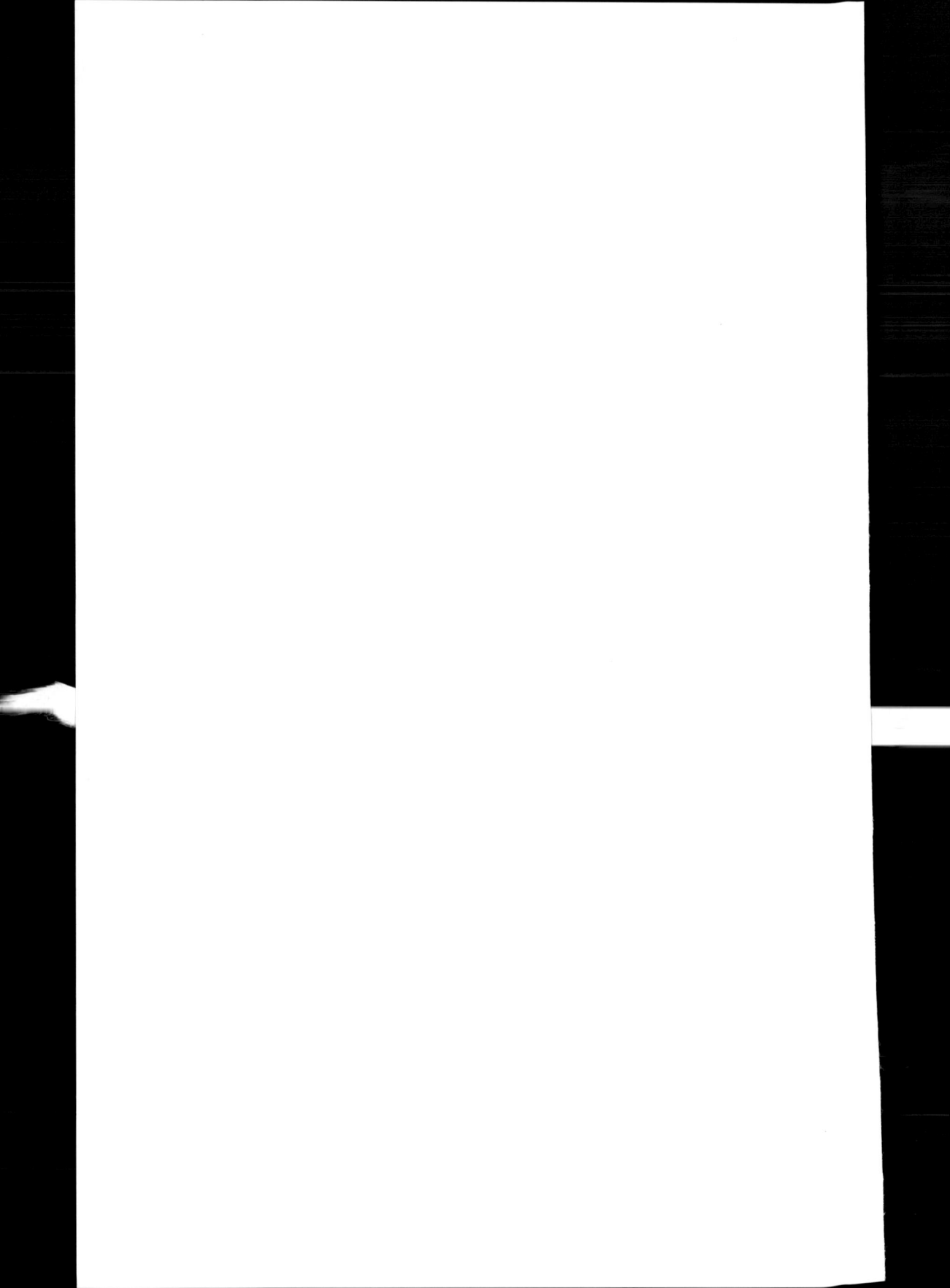

www.ingramcontent.com/pod-product-compliance
Lightning Source LLC
Chambersburg PA
CBHW031326210326
41519CB00048B/3324